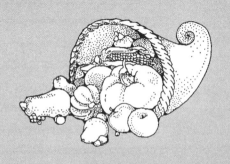

百味羹汤

邱 楠 主编

U0256353

中国农业出版社

主　　编　邱　楠
参编人员　中　柏　韩　准　志　光　惠　平
　　　　　龙　泉　金　蕾　秋　玲　孙　鹏
　　　　　梅艳娜　王雪蕾　侯熙良　常方喜
　　　　　孙　燕　彭　利　徐正全　刘继灵

美味营养在汤中

汤，是人们的各种食物中鲜美可口、富有营养、最容易消化的品种之一。对喜爱喝汤的人来说是"宁可无馔不可无汤"，俗语则称"有菜无汤不成席"。喝汤几乎是整个地球人的普遍爱好，汤已成为各国饮食文化的典型代表。

汤，蕴含着丰富的营养物质，各种食物的营养成分在炖制过程中充分地渗出，如人体所需的蛋白质、维生素、氨基酸、钙、磷、铁、锌等。

喝汤是最简单、实惠的保健方法。年老及体弱多病的人，餐前多喝一些含糖及高蛋白质的汤，有利于增强体质；孕妇和哺乳期的妇女则应该多喝一些富含蛋白质、维生素和矿物质的汤；健康的人多喝汤，能增强体质，提高免疫力；肥胖的人喝汤，是最科学、最实用的减肥方法，"饭前喝汤，苗条健康"。

不同的汤有不同的营养价值，俗话说药补不如食补，食补最好的方法之一就是"汤补"。

为了健康，学会做汤吧！

本书汇集了用众多食材制成的汤羹800多种，制作简便，风味独特，尤其适宜家庭主妇及美食爱好者烹饪参考。

目 录

美味营养在汤中

一、肉 类

二、禽　　类

三、鱼 类

四、蔬菜菌菇类

六、水果甜品类

一、肉　类

西红柿肉片汤

原料：猪瘦肉 200 克，西红柿 200 克，高汤 500 毫升，料酒、胡椒粉、淀粉、姜片、葱花、精盐各适量。

制作：

1. 猪瘦肉洗净切片，拌入料酒、胡椒粉、淀粉、姜片和少许精盐，腌渍片刻备用。

2. 西红柿洗净，烫软剥皮、切块。

3. 炒锅添水烧开后，改小火或关火，将腌渍好的肉片逐片下入锅内，全部下完再开大火，肉片煮至浮起时关火捞出。

4. 净锅放入高汤、西红柿块烧开后，下入煮好的肉片，大火煮沸 1～2 分钟，加盐调味，撒入葱花即成。

海带豆腐猪肉汤

原料：猪五花肉 200 克，海带豆腐（掺入海带浆汁制作的豆腐）350 克，料酒、盐各适量。

制作：

1. 五花肉洗净，和海带、豆腐均切小块。

2. 砂锅里放适量水，加入五花肉、姜片、少许料酒煮沸，撇除浮沫。

3. 汤锅转小火煲 10 分钟后，加入海带豆腐再煲 10 分钟，撒盐调味即可。

海带结肉丝汤

原料：猪里脊肉 50 克，海带结 40 克，嫩豆腐半块，盐 1 茶匙约 5 克，淀粉、葱、姜各 5 克，香油 1 茶匙约 5 毫升，高汤 1 碗约 250 毫升。

制作：

1. 把海带结泡软，沥干水分；嫩豆腐切丁，葱洗净切末，姜洗净去皮切丝。

2. 猪里脊肉洗净、切丝，放入碗中，加入盐和淀粉拌匀，腌 10 分钟备用。

3. 汤锅中倒入高汤，放入海带结、豆腐及姜丝煮开，加入猪肉丝以及盐煮熟熄火，淋入香油，撒上葱末即可。

鱼腩猪肉汤

原料：鱼腩 250 克，猪瘦肉 150 克，芹菜 100 克，色拉油、姜、胡椒粉、盐各适量。

制作：

1. 鱼腩洗净去黑膜、斩成大块，用盐腌一下；猪肉切薄片，芹菜切小段，姜切丝。

2.锅中添水，放入鱼腩、姜丝和少许色拉油煮开，加入猪肉、芹菜烧片刻，出锅前加入胡椒粉、盐调味即可。

清炖猪肉汤

原料：肩胛肉（梅花肉）350克，红枣7粒，姜15克，水800毫升，盐适量。

制作：

1.猪肉洗净切厚片；姜切成大片；红枣洗净、拍扁、去核。

2.锅内放入清水、姜片，用大火煮沸。

3.将煮沸的清水倒入大炖盅，放猪肉和红枣入盅，盖上盅盖儿后放入蒸锅，隔水炖1.5～2小时，出锅时撒盐调味即可。

怀山红枣桂圆汤

原料：猪瘦肉400克，鲜怀山1条约400克，红枣20粒，桂圆肉20粒，姜1片。

制作：

1.瘦肉洗净切块，氽水捞起冲净。

2.鲜怀山洗净去皮，切大块，浸于冷水中备用。

3.红枣、桂圆肉洗净，红枣拍扁去核。

4.汤煲中添清水烧开，放入所有原料，大火煮20分钟，转小火煲 1.5 小时，撒盐调味即可。

娃娃菜肉片汤

原料：娃娃菜 2 棵约 300 克，五花肉 150 克，食油 10 毫升，盐 3 克，大蒜 2 大瓣。

 制作：

1. 五花肉洗净切薄片。

2. 娃娃菜掰开、洗净、沥水，大蒜剥皮、洗净、拍扁。

3. 炒锅注油烧热，放入大蒜爆炒出香味，再放入五花肉片煸炒出油，加入娃娃菜翻炒至软，加开水适量。

4. 中火煮至肉、菜软烂，加盐调味即可。

干贝肉丝汤

原料：干贝 50 克，猪瘦肉 150 克，香菜、植物油、葱、姜、料酒、精盐、味精、肉汤各适量。

制作：

1. 干贝用冷水浸泡洗净，放入炖盅内，加入适量清水上笼蒸透取出。

2. 猪肉洗净，放入沸水锅内余一下捞出，切成细丝；香菜择洗干净切段，葱、姜洗净切末。

3. 炒锅注油烧热，下入葱、姜末煸香，放入肉丝、烹入料酒，煸至水分已干，倒入肉汤、加入干贝，煮至猪肉熟烂，撒上香菜段，用味精、精盐调味即成。

肉末菠菜汤

原料：猪肉 150 克，菠菜 200 克，芹菜 50 克，盐、鸡精各适量。

 制作：

1. 菠菜择洗干净，切成 2 厘米长段。
2. 猪肉剁成末，芹菜切碎粒。
3. 锅中烧开水，放入菠菜，加入肉末打散，煮沸后撒上芹菜粒，加盐和鸡精调味即成。

红糟肉丁汤

原料：猪瘦肉 200 克，蜜柚 1 个，胡萝卜 1 根，西兰花、洋葱各 25 克，红糟酱 30 克，色拉油 30 毫升，白糖、精盐、鸡精各少许。

 制作：

1. 猪肉洗净切块，蜜柚剥皮切块。
2. 胡萝卜去皮切段，西兰花洗净切小朵，洋葱切小丁。
3. 锅内注油烧热，下入洋葱丁、红糟酱爆香，再将肉块下锅翻炒上色，加适量开水。
4. 汤锅中放入蜜柚块、胡萝卜段、西兰花以及精盐、鸡精、白糖，炖 30 分钟即可。

豆腐肉片汤

原料：豆腐 300 克，猪瘦肉 200 克，鸡蛋 1 个，油、盐、生粉、姜丝各少许。

 制作：

1. 豆腐切 2.5 厘米见方的块。
2. 猪瘦肉切片，用油、盐、生粉、姜丝腌制备用。
3. 炒锅注油烧至五成热，撒入少许盐，中火煎制豆腐块至微黄时翻个，两面均微黄时添适量水。
4. 汤锅煮沸 2 分钟，放入肉片。
5. 待肉片煮熟，将打散的鸡蛋淋入汤内即成。

西芹豆腐肉片汤

原料：猪瘦肉 200 克，豆腐 250 克，西芹 1 棵约 200 克，香油、生抽、生粉、料酒、姜片、盐各适量。

 制作：

1. 猪肉洗净后切片，然后用适量盐、生粉、料酒、生抽、香油腌制 2 小时。
2. 豆腐切粒，西芹洗净切段。
3. 锅内水烧开后放入姜片、豆腐粒，中火煲 5 分钟。
4. 加入西芹段、腌制的肉片，至肉熟加盐调味即成。

苦瓜酸菜肉片汤

原料：苦瓜 250 克，酸菜（川味泡青菜）200 克，猪肉 200 克，香油、盐各适量。

 制作：

1. 猪肉、苦瓜均洗净、切片，酸菜洗净剥片、切段。
2. 汤锅添入适量水，将酸菜、猪肉下锅煮。
3. 开锅后撇除浮沫，加入苦瓜片。
4. 煮至猪肉片熟烂，加盐、香油调味即可。

日 式 肉 片 汤

原料：猪肩胛肉（梅花肉）200 克，洋葱 150 克，老豆腐 1 块约 300 克，味噌酱 15 克，浓汤宝 1 盒。

 制作：

1. 猪肉洗净切成 0.5 厘米厚的片，豆腐切成 8 小块，洋葱切块。

2. 锅中放入 500 毫升清水、味噌酱（也可用韩国黄豆酱代替），烧开后放入浓汤宝。

3. 煮开后放入猪肉片，盖上锅盖大火煮 3 分钟。

4. 放入洋葱，将老豆腐块放在洋葱上面，盖上锅盖，大火煮 20 分钟即可。

苦瓜荠菜肉片汤

原料：苦瓜 100 克，荠菜 50 克，猪瘦肉 100 克，料酒、盐各适量。

 制作：

1. 瘦猪肉洗净切成片，拌入料酒、盐腌制 10 分钟。

2. 荠菜洗净切段，苦瓜洗净切抹刀片。

3. 锅内添入清水，放入肉片，煮沸 5 分钟，加入苦瓜、荠菜煮 2 分钟，撒盐调味即成。

百合莲子肉片汤

原料：猪肉 200 克，百合、莲子各 25 克，红枣 10 枚，蜂蜜、冰糖各适量。

制作：

1. 猪肉洗净切块，焯水备用。

2. 百合洗净、撕片，莲子泡洗干净去皮、心，红枣洗净。

3. 将莲子和肉块放入锅中，添适量水，用中火焖 30 分钟，加入百合、红枣煮至酥烂，最后放蜂蜜、冰糖即可。

平菇肉片汤

原料：猪瘦肉 150 克，平菇 200 克，植物油、葱、姜、盐、胡椒粉、鸡精各少许。

 制作：

1. 瘦肉洗净切片，加入盐和胡椒粉搅拌均匀；姜切片，葱切段；平菇去蒂洗净，撕成小块。

2. 热锅热油，放入姜爆香，倒入清水，开锅后放入肉片。

3. 肉片煮沸 2～3 分钟后放入平菇、葱段，煮熟后加盐、鸡精调味即可。

板 栗 肉 丁 汤

原料：猪瘦肉 250 克，板栗 150 克，盐少许。

制作：

1. 锅内添水烧开后熄火，放入栗子浸泡片刻。

2. 把浸泡好的栗子捞出用手捏，让栗子肉整个从栗皮中脱出。

3. 将猪瘦肉洗净切小块。

4. 汤锅内添入适量清水，放入瘦肉块和板栗肉，大火煮开。

5. 锅开后撇去浮沫，转小火煲 1.5 小时，出锅前加盐调味即可。

黄豆芽肉片汤

原料：瘦肉 200 克，黄豆芽、金针菇各 100 克，油、姜片、盐、生抽、白糖、淀粉各适量。

 制作：

1. 瘦肉洗净切片，用少许盐、生抽、白糖、淀粉拌匀，腌 15 分钟备用。

2. 姜去皮切片，黄豆芽、金针菇去老根和须洗净沥干。

3. 炒锅注油烧热，下黄豆芽煸炒一下盛出。

4. 汤煲里添适量清水，放入姜片、腌制好的瘦肉片，中火烧开，去浮沫，转文火煲 1 小时。

5. 将煸炒过的黄豆芽、沥干水分的金针菇放入汤煲，文火继续煲 10 分钟，加盐调味即可。

苦瓜菊花肉丁汤

原料：苦瓜 1 个，干菊花少许，瘦肉 200 克，姜 2 片，盐适量。

制作：

1. 苦瓜去籽瓤，洗净后切块；干菊花用淡盐水洗净，放在清水中浸泡 5 分钟备用。

2. 瘦肉洗净切块，焯水。

3. 将姜片、苦瓜、瘦肉放入汤煲中，添入 1 000 毫升清水煲 1.5 小时。

4. 再放入菊花继续煲 30 分钟，加盐调味出锅。

节瓜蚝豉肉丁汤

原料：节瓜 300 克，蚝豉 50
克，瑶柱（扇贝）10 克，猪瘦肉
150 克，干冬菇 4 朵，姜 2 片，
盐适量。

 制作：

1. 节瓜削皮洗净切块。
2. 蚝豉浸透洗净，冬菇、瑶柱洗净。
3. 猪瘦肉洗净切块，焯水。
4. 炖盅里倒入滚沸的开水，放入所有食材，隔水小火炖 1.5
小时，加盐调味即可。

橄榄雪梨肉丁汤

原料：青橄榄 10 粒，雪梨 1
个（约 300 克），猪瘦肉 200 克，
姜 2 片，盐适量。

制作：

1. 将青橄榄洗净，用刀背将其稍加拍扁，或劈斩为两瓣
备用。
2. 雪梨用水淋湿后抹少许盐揉搓 2～3 分钟，去核、洗净、切
瓣备用。
3. 猪瘦肉洗净切块，余水。

4. 砂锅煮沸适量清水，放入橄榄、雪梨、瘦肉和姜片，大火煮 20 分钟，转小火煲 1.5 小时，加盐调味即可。

橄榄肉丁螺头汤

原料：青橄榄 100 克，干海螺头 75 克，猪瘦肉 150 克，姜 3 片，盐适量。

制作：

1. 将青橄榄洗净，用刀拍破备用。
2. 干螺头用清水泡软，剔除螺肠等杂物。
3. 猪瘦肉洗净切块，和螺头一起氽水后捞出。
4. 煮沸清水倒入炖盅，放入所有食材，隔水炖 2.5 小时，加盐调味后即可食用。

虫草花龙眼肉丁汤

原料：虫草花 5 克，龙眼 4 粒，猪瘦肉 150 克，生姜 2 片，盐适量。

制作：

1. 猪瘦肉洗净切大块，焯水。
2. 虫草花洗净，龙眼去壳。
3. 炖锅添清水煮沸，放入全部食材，小火炖 1 小时，加盐调味即可。

西兰花肉丁汤

原料：猪腱肉 200 克，西兰花 50 克，胡萝卜少许，洋葱半个，葱丝、姜丝、盐、胡椒粉各适量。

 制作：

1. 将猪腱肉洗净，剔除边角肥肉及筋膜，切大块后放入沸水锅中焯一下捞出。

2. 将洋葱去皮切粒，胡萝卜洗净切片，西兰花洗净切小朵。

3. 锅中添入适量清水烧沸，放入猪腱肉、姜丝，大火煮沸，转小火煲 40 分钟，再放入其他原料煮沸，加入精盐、胡椒粉调味，撒入葱丝即可。

金针木耳肉片汤

原料：猪瘦肉 100 克，金针菜（黄花菜）25 克，黑木耳 15 克，生粉、酱油、精盐适量。

制作：

1. 猪瘦肉洗净、切片，用酱油、生粉拌匀，腌制 10 分钟备用。

2. 金针菜浸软后去蒂洗净；木耳浸软洗净，撕成小片。

3. 将黄花菜、木耳放入锅内，添适量清水，烧开 5 分钟转小火。

4. 将腌制好的猪瘦肉片放入锅内，稍后用筷子把肉片打散，至肉片煮熟，加盐调味即可。

肉丁鲍鱼汤

原料：小个头鲜鲍鱼 4 头约 200 克，猪腱子肉 1 500 克，精瘦火腿肉 50 克，洋参 6 片。

 制作：

1. 鲍鱼剔去肠等内脏，将壳、肉清洗干净。
2. 猪腱子肉剔除筋膜、油脂，切成大块，氽水。
3. 精瘦火腿肉切成 3 厘米长、0.5 厘米粗的长条。
4. 炖盅里添入 500 毫升清水，将鲍鱼、腱子肉、火腿肉条依次放入。
5. 盖好盖子，置于加热的大锅中，隔水炖 2 小时即成。
6. 食用时加盐调味即可。

鲍鱼百合肉丁汤

原料：大个鲜鲍鱼 1 头约 200 克，瘦肉 150 克，百合 25 克，花旗参 25 克，姜 10 克，精盐适量。

制作：

1. 鲍鱼去壳剔除内脏，将肉清洗干净。
2. 瘦肉洗净、切成大块，焯水捞出，冲净污血浮沫。
3. 花旗参洗净，百合瓣开洗净撕片，生姜切片。

4.将所备原料一同加水熬汤，至鲍鱼烂熟，撒入少许精盐即成。

苋 菜 肉 片 汤

原料：瘦肉 50 克，苋菜（紫）250 克，植物油 10 克，盐 2 克。

 制作：

1.将瘦肉洗净、切片、余水。

2.苋菜择洗干净切段。

3.锅内添适量水，放入苋菜和瘦肉，滴入油，烧片刻后加盐调味即可。

百合肉丝豆腐汤

原料：鲜百合 2 个，瘦肉 75 克，姜片 1 片，豆腐 2 小块，盐、酱油、生粉各适量。

制作：

1.鲜百合洗净、掰开；豆腐洗净，切成 1.5 厘米见方的小块。

2.瘦肉洗净，切成丝，加盐、酱油和生粉腌制 10 分钟。

3.汤锅加入清水煮沸，放入鲜百合瓣、姜片、豆腐块和腌制好的瘦肉丝。

4.烧开几分钟，加盐调味即可。

黄花豆腐肉丁汤

原料：干黄花菜 30 克，豆腐 1 块，猪瘦肉 250 克，食用油、盐适量。

 制作：

1. 干黄花菜用温水泡 20 分钟，清洗 2～3 遍捞出沥干。

2. 豆腐洗净，切成 1.5 厘米见方小块。

3. 猪瘦肉洗净，切成与豆腐块相同的小块，加入少许食用油、盐搅拌均匀，腌制 15 分钟。

4. 将黄花菜与猪瘦肉一同放入汤锅内，添入适量清水，猛火煮沸，改用慢火煲 1 小时。

5. 加入豆腐煲 10 分钟左右，加盐调味即可。

黄花丝瓜肉片汤

原料：干黄花菜 75 克，丝瓜 1 根（约 300 克），猪瘦肉 100 克，油、盐、生粉、鸡精适量。

制作：

1. 黄花菜用温水泡 20 分钟，清洗 2～3 遍，挤干水分。

2. 将猪瘦肉洗净切片，用生粉、盐和食用油拌均匀腌制片刻。

3. 丝瓜去皮切成滚刀块。

4. 煮锅烧开水，加适量盐、鸡精调味，放入黄花菜烧开，再放入丝瓜煮 3～5 分钟。

5. 逐片放入腌制好的瘦肉，大火煮沸，至肉片全部浮起即可出锅。

丝瓜平菇肉片汤

原料：猪瘦肉 150 克，鲜平菇 200 克，丝瓜 250 克，鸡汤 750 毫升，姜片、精盐、味精、酱油、料酒、湿淀粉各适量。

 制作：

1. 平菇洗净，撕成片；丝瓜洗净，切成厚片。
2. 瘦肉洗净、切片，加酱油、料酒拌匀腌制片刻。
3. 将鸡汤倒入汤锅烧开，下平菇、丝瓜片、肉片、姜片，大火煮沸 10 分钟后加盐、味精调味，用湿淀粉勾芡即成。

茭 瓜 肉 丝 汤

原料：猪瘦肉 100 克，茭瓜（西葫芦）150 克，鸡蛋 2 个，精盐、味精、香油、葱、姜、淀粉、花生油各适量。

 制作：

1. 茭瓜对半劈开，削皮、掏瓤后洗净切片。
2. 猪瘦肉切成中粗丝，葱、姜洗净切成末。
3. 鸡蛋磕入碗内，打散成蛋糊。
4. 炒锅注油烧热，下入葱姜末煸香，放入瘦肉丝、茭瓜片煸炒，加入适量水，烧沸后用淀粉勾芡，淋入蛋糊，加盐、味精、香油调味即成。

荷兰豆肉丁汤

原料：猪瘦肉 200 克，大白菜帮 3 片，荷兰豆 100 克，盐适量。

制作：

1. 瘦肉洗净切块，汆水。
2. 大白菜帮洗净切块；荷兰豆择洗净。
3. 汤锅煮沸清水，放入瘦肉大火煮开，转小火煲 15 分钟。
4. 加入大白菜块和荷兰豆煲片刻，加盐调味即可。

木 瓜 肉 丁 汤

原料：木瓜 1 只，猪瘦肉 150 克，红枣 25 克，盐、糖各少许。

 制作：

1. 瘦肉洗净切蚕豆大小的丁，汆水备用。
2. 木瓜去皮、切丁；红枣去核、洗净。
3. 汤锅放入清水、红枣、瘦肉丁，大火烧开后转小火炖 30 分钟，再放入木瓜炖 10 分钟，调味即成。

酸菜冬瓜肉丁汤

原料：咸酸菜（川味泡青菜）100 克，冬瓜 250 克，猪瘦肉 100 克，食用油、姜、盐各适量。

制作：

1. 咸酸菜用清水浸泡 2 小时，洗去盐分，沥干后切成丝。

2. 冬瓜洗净、去皮、切成小块；姜洗净切片。

3. 猪瘦肉洗净切小块，加入少许食用油、盐搅拌均匀，腌制片刻。

4. 砂锅注入适量清水烧开，将咸酸菜、冬瓜、瘦肉、姜放入煮沸，改文火煲 1 小时，加盐调味即可。

水瓜猪肝肉片汤

原料：新鲜猪肝 200 克，猪瘦肉 150 克，水瓜 1 根约 200 克，淀粉、料酒、酱油，调和油、姜丝、盐、鸡精各适量。

 制作：

1. 猪肝用流水冲洗后放在清水里浸泡 30 分钟，切成薄片；猪瘦肉洗净切成同样薄片；猪肝、瘦肉置于同一容器中，加入淀粉、料酒、酱油拌匀，腌制 5 分钟。

2. 水瓜去皮切滚刀块。

3. 汤锅内加入适量清水、5 毫升调和油及姜片，放入丝瓜块，大火烧沸 2 分钟。

4. 将腌制好的猪肝、猪肉片下锅，划散。

5. 煮开片刻，撇去浮沫，加盐、鸡精调味即可。

香 菇 肉 片 汤

原料：猪瘦肉 200 克，水发香菇 150 克，鲜菜心 100 克，鲜汤 700 毫升，水豆粉 20 克，味精、胡椒粉、食盐、绍酒、香油、酱油各适量。

 制作：

1. 猪瘦肉洗净、切成薄片，加水豆粉、绍酒和少许食盐拌匀，腌制 10 分钟备用。

2. 水发香菇洗净泥沙、去蒂；鲜菜心洗净。

3. 净锅放入鲜汤烧沸，逐片下入猪肉片，煮至八成熟，放入香菇片、胡椒粉，烧片刻，下入菜心、味精、酱油、香油调味即可。

冬 瓜 肉 片 汤

原料：干紫菜 50 克，冬瓜 200 克，瘦猪肉 75 克，鸡蛋 1 个，姜 1 片，盐、食用油各适量。

制作：

1. 将紫菜浸软；冬瓜去籽洗净，切成小块。

2. 瘦肉切片、汆水，鸡蛋磕入碗中打散。

3. 砂锅添入适量清水烧沸，下入姜片及冬瓜块，稍沸后再加入瘦肉片，汤再沸后放入紫菜，中火煮 10 分钟。

4. 将蛋液淋入汤内，加油、盐调味即可。

金针菇豆腐肉片汤

原料：猪瘦肉 100 克，金针菇 150 克，豆腐 1 块，姜 3 片，葱花少许，白胡椒粉、精盐、酱油、香油适量。

 制作：

1. 瘦肉洗净、切片，用油、盐、白胡椒粉拌匀，腌制 20 分钟。

2. 金针菇去根部，清洗干净；豆腐切粗条。

3. 锅里放入清水、姜片，大火煮开后放入豆腐和金针菇。

4. 汤煮开 10 分钟放入肉片，煮至肉片变色、熟透，加盐、酱油和香油调味，撒葱花即可。

酸菜豆花肉片汤

原料：嫩豆腐 150 克，猪瘦肉 100 克，酸菜（泡青菜）50 克，鲜汤 100 克，盐、色拉油、味精、鸡精、干淀粉、辣椒粉适量。

制作：

1. 猪瘦肉、酸菜分别洗净切片；瘦肉片用干淀粉上浆。

2. 锅内注油烧热，下酸菜炒香，加入鲜汤、豆腐、盐、味精、鸡精、辣椒粉烧开，放入肉片，用中火煮熟，起锅即可。

洋 葱 肉 片 汤

原料：猪瘦肉适量，洋葱、葱花、姜丝少许，花椒粉、盐、鸡精、植物油各适量。

 制作：

1. 洋葱剥老皮、去根须、切丝；猪瘦肉切薄片。

2. 热锅热油，投入葱花、姜丝和花椒粉，炒香后放入瘦肉片，炒至肉色变白。

3. 添清水煮沸，下入洋葱丝稍煮，加盐和鸡精调味即可。

薄荷猪肝肉片汤

原料：猪肝 150 克，猪瘦肉 100 克，薄荷 25 克，料酒、盐、胡椒粉、葱、盐、鸡精适量。

 制作：

1. 猪肝、瘦肉洗净，切成薄片，分别放入两个碗中；猪肝加入少许料酒、盐；猪肉加入少许胡椒粉、料酒、盐，分别腌制好备用。

2. 薄荷叶洗净，小葱切成末。

3. 锅中添水 500 毫升煮沸，先后放入肉片和猪肝。

4. 再煮沸 2 分钟，加入薄荷。

5. 稍煮后加入葱末、鸡精调味即成。

石耳肉片汤

原料：干石耳 10 克，猪瘦肉 50 克，鸡蛋 1 个，淀粉、胡椒粉、料酒、橄榄油、香油、食盐、鸡精适量。

制作：

1. 石耳提前泡发洗净，用开水焯一下。
2. 鸡蛋打散，煎成蛋皮，切成菱形块。
3. 猪瘦肉切片，加入料酒、盐、淀粉抓拌均匀。
4. 炒锅注油烧热，放入葱花爆香，倒入肉片翻炒至变色。
5. 锅内冲入适量开水，加入石耳、蛋皮，煮开后加盐。
6. 再加入胡椒粉、鸡精，淋入香油即可。

丝瓜豆浆肉丝汤

原料：猪瘦肉 50 克，丝瓜 1 根，豆浆 500 毫升，核桃 1 枚，芡粉、料酒、橄榄油、盐适量。

制作：

1. 瘦猪肉洗净，切粗丝，加少许芡粉、料酒和盐腌制 10 分钟。

2. 丝瓜洗净、去皮、切丝；核桃剥皮取仁。

3. 炒锅注油烧热，下肉丝炒香，加入豆浆、丝瓜、核桃仁煮沸 2 分钟，放盐调味即成。

丝瓜蘑菇肉丝汤

原料：猪瘦肉 75 克，丝瓜 50 克，菌子（野生天然蘑菇）50 克，芡粉、料酒、橄榄油、盐各适量。

 制作：

1. 猪瘦肉洗净、切丝，加少许芡粉、料酒和盐腌制备用。
2. 蘑菇去蒂洗净，撕成条或片；丝瓜洗净、去皮、切片。
3. 炒锅添适量水，滴入橄榄油烧沸，放入蘑菇煮 2～3 分钟。
4. 加入丝瓜片煮开，加盐调味，再加入猪肉丝，稍煮即可。

黄瓜肉丝汤

原料：黄瓜 1 条，猪瘦肉 25 克，老姜、小葱、香菜、鸡精、淀粉、盐、香油各适量。

制作：

1. 猪瘦肉切丝，加入适量盐、淀粉抓匀腌制片刻。
2. 黄瓜洗净切片，姜切丝，葱切末，香菜切段。
3. 砂锅放入姜丝和适量清水煮沸。
4. 改小火，加入肉丝，汤开用筷子将肉丝划散。
5. 煮沸 1 分钟后，加入黄瓜片，再沸加盐、葱末、香菜段，最后淋入香油即可。

榨 菜 肉 丝 汤

原料：猪瘦肉100克，榨菜50克，水发木耳10克，盐、辣椒油各3克，味精2克，料酒10克。

 制作：

1. 将猪瘦肉洗净，切成3厘米长的粗丝。
2. 将黑木耳彻底洗净。
3. 将榨菜洗净，切成细丝。
4. 锅内添入适量水，放入肉丝、木耳、料酒和精盐，烧开2分钟后放入榨菜丝，见开即停火，盛入汤碗内，加入辣椒油和味精即可。

海 带 肉 丝 汤

原料：水发海带150克，猪瘦肉100克，胡萝卜50克，精盐、味精、酱油、花椒水、葱花、姜丝、花生油、肉汤各适量。

制作：

1. 将猪肉及海带洗净切丝，将胡萝卜刮皮洗净切丝。
2. 锅注油烧热，放入葱、姜煸香，再放入肉丝煸炒至变色，加入酱油、花椒水、肉汤、精盐、海带、胡萝卜烧沸，撇去浮沫，调入味精即可。

香菜木耳肉丝汤

原料：猪瘦肉 100 克，香菜 50 克，水发黑木耳 50 克，竹笋丝 1/4 袋（约 25 克），淀粉、料酒、胡椒粉、葱花、姜丝、盐、植物油适量。

🍲 制作：

1. 猪瘦肉洗净、切丝，加入淀粉、料酒、胡椒粉和盐腌制 15 分钟。

2. 黑木耳去蒂、洗净、切成条；香菜洗净，切 2 厘米长段；竹笋丝漂洗沥水备用。

3. 炒锅注油烧热，下入肉丝翻炒至肉色变白。

4. 锅内留少许底油，爆香葱姜，放入竹笋丝、木耳条稍微翻炒，加入开水、肉丝煮开，最后撒香菜段、盐和胡椒粉调味出锅。

金针菇肉丝汤

原料：猪肉丝 100 克，金针菇 50 克，青葱、料酒、淀粉、香油、胡椒粉、盐各少许。

🍲 制作：

1. 肉丝加入少许料酒、淀粉、盐搅拌均匀，金针菇泡发好去蒂、洗净、切成段；青葱切成葱花。

2. 砂锅添水烧开，下入肉丝，开锅后将其划散。

3. 放入金针菇煮开，撒入葱花、盐、胡椒粉和香油即可。

蘑菇肉丝汤

原料： 猪肉丝 75 克，鲜蘑菇 100 克，葱、姜、辣椒、盐、酱油、干淀粉等适量。

 制作：

1. 肉丝用少许淀粉拌匀。
2. 蘑菇洗净撕成片。
3. 炒锅注油烧热，煸炒肉丝至变色，放入葱、姜、辣椒炒出香味，倒入洗好的蘑菇翻炒片刻，添汤。
4. 煮沸 2 分钟后，放入味精、盐调味即可。

菜心木耳肉丝汤

原料： 猪瘦肉 100 克，鲜菜心 150 克，干粉丝 50 克，水发黄花菜、木耳各 50 克，高汤、盐、酱油、绍酒、胡椒面、味精、水豆粉适量。

 制作：

1. 猪肉洗净切成粗丝，加盐、酱油、绍酒、水豆粉拌匀。
2. 菜心择洗干净，粉丝用热水泡软。
3. 水发黄花菜、木耳择洗干净。
4. 铜锅内倒入高汤，下粉丝煮 2 分钟后，依次下入黄花菜、木耳、菜心，至菜心熟后将菜全部捞出，码放于大汤碗内作底。
5. 锅内下肉丝划散，烧开，加味精，将汤及肉丝浇入碗中即成。

紫菜肉丝汤

原料：猪瘦肉 75 克，海带 100 克，紫菜 15 克，生粉、盐、香油各适量。

制作：

1. 猪瘦肉洗净，切成丝，用生粉拌匀。
2. 海带浸泡、洗净、切成丝；紫菜浸发洗净，撕成片。
3. 海带放入锅内，加适量清水，煮沸 2 分钟后，放紫菜煮沸，再放入瘦肉丝。
4. 肉丝煮熟后，加盐、香油调味即可。

四宝肉丝汤

原料：陈皮 10 克，炒杏仁 10 克，百合 30 克，银耳 20 克，猪瘦肉 100 克，味精、食盐、酱油、姜、葱各适量。

 制作：

1. 干银耳泡发洗净切成宽条，猪瘦肉洗净切丝。
2. 将陈皮、百合洗净，与杏仁一同放入冷水锅内。
3. 煮开片刻后，加入猪肉丝、姜丝、酱油，盖盖用小火炖 10 分钟。
4. 至肉烂，放入银耳条，加入味精、盐、葱末调味即成。

川味泡菜肉丝汤

原料：猪瘦肉 150 克，酸菜心（泡青菜）200 克，胡椒粉 2 克，水芡粉 50 克，清汤 500 毫升，醋 30 毫升，麻油 10 毫升，精盐 4 克。

制作：

1. 猪瘦肉切成丝，用清水浸泡 10 分钟，控干水分放入碗内，加 2 克盐、水芡粉搅拌均匀，泡肉的水留用。

2. 酸菜洗净，切成与肉丝相配的丝，放入锅内，加 500 毫升清汤，煮沸约 2 分钟捞起，放在大汤碗内。

3. 锅内放入胡椒粉、2 克盐和泡肉丝的水，用匙搅转，待汤刚沸时，捞净血沫，倒入汤碗内。

4. 锅内另添沸水，放入肉丝，煮至断生后捞起放入汤碗内，最后加入香油、醋即成。

东北酸菜肉丝汤

原料：酸白菜 150 克，猪肉（肥瘦相间）100 克，粉丝 50 克，小葱 10 克，植物油 20 毫升，酱油、盐、味精、豌豆淀粉各少许。

制作：

1. 用开水将粉丝泡软；酸白菜洗净，切丝挤干；小葱切末。

2. 猪肉切成筷子粗丝，用淀粉、酱油上浆备用。

3. 锅注油烧热，下酸菜丝，煸炒至水干，加入 750 毫升清水，下入粉丝、盐和味精，煮沸 3 分钟后，下肉丝拨散，再烧开，加葱花即可。

香 菇 滑 肉 汤

原料：猪瘦肉、香菇、青豆各 100 克，生粉、胡椒粉、料酒、盐各适量，植物油 25 克，香葱末少许。

 制作：

1. 香菇洗净切片，青豆洗净。

2. 瘦肉切薄片，加入生粉、胡椒粉、料酒、盐抓匀，腌制片刻备用。

3. 炒锅注油烧热，迅即放入青豆翻炒至豆色渐变，加入香菇片及适量水。

4. 烧沸后改小火，将腌制好的肉片陆续放入锅内。

5. 煮沸片刻，加盐调味，撒入香葱末即成。

川味豆芽滑肉汤

原料：猪瘦肉 100 克，黄豆芽 150 克，郫县豆瓣酱 10 克，淀粉 15 克，生姜 10 克，小葱 1 棵，白胡椒粉 2 克，盐适量。

制作：

1. 豆芽去尾去须洗净，生姜洗净去皮切片，小葱切末。

2. 猪瘦肉洗净切片，加入郫县豆瓣酱、淀粉及少许水抓匀。

3. 砂锅添适量水，放入生姜烧开。

4. 加入豆芽，中火煮至熟，加盐、胡椒粉调味。

5. 改小火，将肉片逐片下入汤锅，下完立即调回中火，将肉片用筷子拨散，大火煮至熟透。

6. 盛汤入碗，撒入葱末即成。

草 菇 滑 肉 汤

原料： 鲜草菇 100 克，猪瘦肉 150 克，青菜心 50 克，鲜汤 750 毫升，鸡蛋清 1 个，香油、淀粉、盐、味精、胡椒粉各适量。

制作：

1. 草菇洗净，切成较厚的片；菜心洗净。

2. 猪瘦肉切成片，加入蛋清、淀粉和精盐，搅匀上浆。

3. 炒锅加鲜汤 400 毫升，烧开后余熟肉片捞出。

4. 锅内续入全部鲜汤烧开，加入草菇片、猪肉片和青菜心，撇去浮沫，再烧开后加精盐、味精、胡椒粉调味，淋入香油即可。

白萝卜滑肉汤

原料： 白萝卜 300 克，猪瘦肉 150 克，盐、淀粉、花椒、生姜、鸡精、香油各适量。

制作：

1. 白萝卜去皮洗净，切成扇形厚片。

2. 生姜去皮洗净，切 2 个大片，余下切姜末。

3. 猪瘦肉洗净切条，调入淀粉、香油和少许清水、盐，加入姜片搅拌均匀。

4. 净锅倒入清水，依次把花椒、姜末和萝卜片下锅，加入盐，大火煮沸。

5. 改小火，把腌制好的肉条用筷子夹起，陆续放入锅里，见肉片浮起改回大火煮。

6. 煮至猪肉、萝卜熟烂，加鸡精调味即成。

野苋菜滑肉汤

原料：猪瘦肉 100 克，野苋菜 150 克，淀粉 10 克，胡椒粉 2 克，生抽 5 毫升，色拉油 10 毫升，盐适量。

制作：

1. 猪瘦肉洗净，切成稍大一点的片，加入淀粉、生抽、胡椒粉和少许盐，拌匀后腌制 30 分钟。

2. 野苋菜洗净沥水。

3. 锅内添 500 毫升清水烧开，改小火，把肉片一片一片下入汤锅。

4. 全部下完，大火煮至浮起，加入苋菜及色拉油。

5. 加盐和生抽调味即成。

豆腐滑肉汤

原料：嫩豆腐 1 块，猪瘦肉 150 克，榨菜丝 50 克，淀粉 20 克，料酒 15 毫升，盐、味精、香菜末适量。

制作：

1. 嫩豆腐切成手指粗细的条，放入碗中，撒少许盐稍腌片刻入味。

2. 猪瘦肉洗净切成小丁，加入淀粉、料酒和少许盐、味精抓匀，腌制 10 分钟。

3. 砂锅添水，烧开，放入豆腐条、现开包的榨菜丝，煮沸 2 分钟。

4. 改小火，用筷子逐个把肉丁放到锅里，全部放入后大火煮沸即关火，加味精、香菜末调味即成。

银耳枸杞滑肉汤

> 原料：干银耳 15 克，枸杞 10 克，猪瘦肉 150 克，淀粉 20 克，料酒 15 毫升，盐、味精、生姜各适量。

制作：

1. 银耳发好后洗净、去根、改刀；枸杞洗净沥干水分。

2. 生姜洗净去皮、切片。

3. 猪瘦肉洗净切薄片，加入淀粉、料酒和少许盐、味精抓匀，腌制 10 分钟。

4. 砂锅添清水，烧开，放入银耳、枸杞和姜片，加适量盐煮沸 3 分钟。

5. 改小火，用筷子逐片把肉片夹起放到锅里，全部放入后开大火煮沸即关火，加味精调味即成。

酸 辣 滑 肉 汤

> 原料：猪瘦肉 150 克，高汤 500 毫升，淀粉 50 克，酱油 15 毫升，醋 30 毫升，胡椒粉 5 克，老姜 15 克，香菜 25 克，盐适量。

制作：

1. 猪瘦肉洗净，切5毫米厚大片，用盐、胡椒粉抓匀，腌制30分钟。

2. 老姜洗净、拍破；香菜去根洗净，切小段。

3. 炒锅中添入高汤，加入拍破的老姜块，大火烧开。

4. 将腌好的瘦肉片两面蘸足干淀粉，铺在砧板上，同擀饼一样把肉片擀开，为使淀粉粘贴更紧、肉片擀得更薄，可上下多次蘸、撒干淀粉擀压。

5. 把肉片一片片放入沸腾的高汤中，继续用大火煮2分钟，加入酱油、醋，并用筷子搅拌一下。

6. 稍煮至肉熟，撒入盐、胡椒粉、香菜段即可。

粉 皮 滑 肉 汤

> **原料：** 猪瘦肉100克，干淀粉粉皮1张，鸡蛋1个，食用油15毫升，姜、葱、蒜、盐、生抽、生粉、蚝油（或鸡精）各适量。

制作：

1. 姜、葱洗净切碎末，蒜去皮洗净拍扁，鸡蛋磕入碗内打散成蛋液。

2. 粉皮用开水烫一下，切条。

3. 瘦肉洗净，切成薄片，装碗加入适量生抽、生粉、水搅拌，再加入蛋液拌匀。

4. 炒锅注油烧热，下姜末、蒜瓣炒香，加入适量清水煮沸。

5. 用筷子夹住肉片，逐片滑入汤中，然后下粉皮、盐、蚝油，煮沸后转小火煮10分钟，撒上葱花即可。

茼蒿滑肉汤

原料：猪肉 100 克，茼蒿 100 克，淀粉 15 克，酱油、盐、胡椒粉、姜、葱各适量。

 制作：

1. 茼蒿择洗干净沥水，姜洗净切片，葱洗净切末。

2. 猪瘦肉洗净后切大片，装碗加适量酱油、胡椒粉腌制片刻，稍后加入淀粉抓匀。

3. 砂锅中放入姜片和适量清水，旺火烧开，转小火保持汤面沸而不腾，用筷子将肉片一片片夹起放入锅里。

4. 小火煮开，至肉片浮起，撇去浮沫，下茼蒿。

5. 煮沸 2 分钟，加葱末、盐调味即可。

酸 菜 汆 白 肉

原料：酸菜 500 克，五花肉 250 克，细粉丝 2 把，冻豆腐 1 块（约 200 克），大葱 2 段，姜 2 片，八角（八角）2 枚，盐适量。

制作：

1. 将酸菜洗净，切成细丝（菜帮较厚的部分可先片薄）。

2. 冻豆腐化开切成厚片。

3. 五花肉洗净，整块放入汤锅中，加入葱段、姜片、八角和适量水，大火烧沸后转小火慢煮 40 分钟，其间不断撇净浮沫，当用筷子可轻易穿透整块白水煮肉时，将肉块捞出彻底晾凉（时间若允许，凉后再入冰箱冷冻），然后顶茬切成五花三层的薄片备用。

4. 捞出肉汤中的大葱、八角和姜片，大火烧沸后放入白煮肉片、酸菜丝和冻豆腐片，再次烧沸后中火煮 20 分钟。

5. 最后放入盐和粉丝，转小火煮 10 分钟即可。

肉片酸菜粉丝汤

原料：猪五花肉 300 克，酸菜 400 克，粉丝 150 克，植物油、酱油、盐、鸡精各适量。

 制作：

1. 酸菜切丝，粉丝用水泡发好；猪肉煮熟，凉后切片。

2. 炒锅注油烧热，下葱花爆出香味，放入酸菜丝，翻炒几下，再放少许酱油调色。

3. 放入猪肉片，添适量水烧开，加粉丝、盐，稍煮撒入鸡精即可。

辣白菜五花肉粉条汤

原料：猪五花肉 100 克，韩式辣白菜 400 克，宽粉条 200 克，食用油 15 毫升，葱、姜、蒜、酱油、盐适量。

制作：

1. 辣白菜切成小块，葱、姜洗净切片，蒜去皮洗净拍碎。

2. 粉条用温水泡 30 分钟至变软，剪成长段。

3. 五花肉洗净、去皮，切成长薄片。

4. 炒锅注油烧至六成热，下入五花肉煸炒，炒至变色加入葱、姜、蒜、酱油。

5. 炒出香味后下入辣白菜、泡软的粉条翻炒一下，添适量热水，盖严锅盖中火炖 10 分钟。

6. 至粉条熟软，撒入葱花即可。

五花肉四蔬汤

> 原料：五花肉 100 克，辣白菜 250 克，西葫芦、土豆、豆腐各 100 克，白酒 25 毫升，辣酱、白糖、盐各少许。

 制作：

1. 五花肉洗净去皮，切成大片。
2. 西葫芦洗净去瓤，土豆洗净去皮，均切成大片。
3. 豆腐切成长条，辣白菜切成小片。
4. 汤锅中放入五花肉及适量水，水沸后撇去浮沫，淋入白酒。
5. 放入土豆、辣白菜、豆腐，中火煮 20 分钟。
6. 最后放入西葫芦煮熟，加辣酱、白糖、盐调味即可。

茶树菇猪肉煲

> 原料：猪精肉 300 克，茶树菇 100 克，桂圆 50 克，花生油 15 克，高汤适量，精盐、味精、葱、姜各少许。

制作：

1. 将猪精肉洗净切小块，茶树菇去根洗净切段，桂圆洗净。
2. 肉块焯水后捞出。

3. 炒锅注油烧热,下葱、姜爆香,倒入高汤,加入盐、味精、肉块、茶树菇、桂圆,煲至熟即可。

香菇肉丸汤

原料:猪瘦肉末 100 克,香菇 50 克(撕条),豆腐 1 块(切丁),鸡蛋 1 个(全蛋液),山芋粉 5 克,盐、味精、葱末各适量。

 制作:

1. 将猪瘦肉末加入鸡蛋液、山芋粉、葱末、盐、味精,用筷子单向搅上劲。

2. 锅内添适量清水烧开,转小火,右手持汤匙抠一坨肉馅,置于左掌上,用汤匙不断修整、团成肉丸,下入水里。

3. 肉丸全部做完后大火煮至浮起,再放入香菇条、豆腐丁煮沸 2 分钟,加盐、味精调味即可关火。

4. 装碗后撒上葱花。

冬瓜肉丸汤

原料:肥瘦猪肉 100 克,冬瓜 150 克,香菜 15 克,大葱、老姜各 5 克,豌豆淀粉、盐各 3 克,味精 2 克,花椒油、香油各 5 毫升,食油 25 毫升,清汤适量。

制作:

1. 将猪肉洗净、剁成肉蓉。葱、姜洗净切成碎末,香菜洗净切长段。

2. 把葱姜末、香油、淀粉加入猪肉蓉中，用筷子不停地单向搅动，使其充分上劲，然后挤成直径 2 厘米的丸子摆盘，上屉蒸熟（约蒸 10 分钟）。

3. 冬瓜去皮、瓤洗净，切成片。

4. 砂锅倒入清汤，放入冬瓜、肉丸烧沸。

5. 待冬瓜片煮透，加盐、味精调味后关火，撒入香菜段、淋上花椒油即可。

加饭肉丸汤

原料：冬瓜 200 克，猪肉馅、熟米饭各 150 克，生抽 10 毫升，淀粉 15 克，花椒粉 2 克，香菜 2 根，花椒油、精盐、味精各适量。

制作：

1. 将肉馅、米饭放入盆中，加适量淀粉、生抽、花椒粉、盐，搅拌均匀后团成小丸子，下到五成热油锅中用文火炸熟捞出。

2. 冬瓜去皮、瓤、洗净后切成厚片；香菜去根洗净。

3. 锅内添清水烧开，放冬瓜、熟肉丸入锅煮沸。

4. 待肉丸煮透，加盐、味精调味，放入整根香菜、淋花椒油即可。

贡 丸 汤

原料：贡丸 250 克，高汤（或煮贡丸的汤）750 毫升，芹菜末 50 克，香油少许，胡椒粉、盐适量。

制作：

高汤煮开后，放入贡丸及调味料，煮至贡丸浮起，最后撒上芹菜末与香油即可。

漳浦肉丸汤

原料： 漳浦纯手工肉丸 300 克，白萝卜 1 根，小排骨 100 克，小干贝 50 克，香菜末、盐各少许。

制作：

1. 将排骨冷水下锅，烧开后除去浮沫，中小火煮 30 分钟。

2. 放入洗净切成小块的白萝卜、干贝，待萝卜熟透呈透明时，下入手工肉丸，煮至丸子膨大，熄火，加盐调味，撒入香菜末即可。

木耳黄瓜肉丸汤

原料： 猪肥瘦肉 200 克，水发木耳 25 克，黄瓜 50 克，番茄 75 克，大葱 10 克，老姜 5 克，豌豆淀粉、香油、盐、味精少许。

制作：

1. 大葱洗净，分别切成细末及葱花各一半；老姜去皮、洗净切细末。

2. 猪肉洗净、剁碎，加入水淀粉、精盐、葱末、姜末及少许清水，单向搅动 2 分钟至肉馅上劲。

3. 水发木耳去蒂洗净，撕成小片；黄瓜洗净、切片；西红柿洗净、去蒂，切成薄橘瓣片。

4. 汤锅放入 1 000 毫升清水烧开，将肉馅团成直径 1.5 厘米的丸子入锅，待丸子浮起，加入黄瓜片、木耳、西红柿片、精盐、味精、葱花烧开。

5. 盛入汤碗内，淋上香油即成。

油菜胡萝卜肉丸汤

原料：猪瘦肉 200 克，油菜 75 克，胡萝卜 50 克，香菜 10 克，鸡蛋清、料酒、葱、姜、五香面、淀粉、生抽、盐各少许。

制作：

1. 猪瘦肉洗净，剔除筋膜，剁成泥，加适量料酒、生抽、五香面、盐、味精、胡椒粉，腌制片刻。

2. 大葱洗净切末，老姜去皮、洗净切末；油菜、胡萝卜洗净，分别切成粒（或用料理机打碎）；香菜洗净切末。

3. 在腌制好的肉泥中加入葱姜末、水淀粉，用筷子朝一个方向搅拌上劲，再加入半个鸡蛋的蛋清液、油菜碎、胡萝卜丁，继续搅拌 1 分钟上劲。

4. 将上好劲的蔬菜肉泥揉成形，挖出来再用力摔打到容器中，反复几次使其更有弹性。

5. 锅内添入适量清汤烧热（或直接用开水添汤），水温在 70℃时手挤肉泥成直径 2 厘米的小丸子下锅，挤丸子过半可开小火烧，全部下锅后烧至丸子全部浮起，淋香油，撒胡椒粉、香菜末即成。

白菜肉卷汤

原料：猪肥瘦肉 250 克，大白菜叶 200 克，鸡蛋 1 个（取蛋清），清汤、酱油、水淀粉、干淀粉、葱花、姜末、香菜末、盐、胡椒粉、味精、香油各适量。

制作：

1. 猪肉洗净剁成蓉，加入姜末、葱花、盐，搅匀备用。

2. 取 4～5 张大白菜叶洗净、焯软，切去菜梗，平铺在砧板上，抹上由鸡蛋清、干淀粉调匀的蛋清淀粉糊。

3. 肉馅中加入胡椒粉、酱油、水淀粉搅匀，均匀铺在菜叶上，卷成肉卷，接口处抹蛋清淀粉糊。

4. 将肉菜卷平放在盘中放入蒸锅，大火蒸 10 分钟，晾凉后切段。

5. 锅中倒入清汤，大火烧沸，放入白菜肉卷略煮，加味精调味，撒入香菜末、淋入香油即可。

银丝鲜蔬汤

原料：肥三瘦七猪肉 150 克，银丝粉 100 克，新鲜蔬菜 100 克，葱姜末、盐、酱油、味精、鸡蛋、胡椒面、芝麻油、水豆粉、汤各适量。

制作：

1. 将猪肉剁成蓉，边剁边剔去肉中的白筋，加入葱姜末继续剁匀；新鲜蔬菜洗净。

2. 将剁好的肉蓉盛入大碗内，加胡椒面、鸡蛋、水豆粉、盐搅拌均匀。

3. 锅中添汤，加蔬菜、银丝粉烧开，将拌好味的肉蓉用调羹舀成大小均匀的丸子下锅，加入酱油、盐、味精调好味。

4. 锅内汤开、丸子刚熟立即舀于碗内，淋上芝麻油即可。

冬菜香丸汤

原料：三肥七瘦的猪肉馅150克，冬菜200克，青菜叶50克，鸡蛋1个（取用蛋清），葱、姜、蒜、盐、干淀粉、黑胡椒粉、料酒、香油各适量。

 制作：

1. 葱、姜、蒜和冬菜洗净切碎，掺入猪肉馅中剁成菜香肉泥。

2. 菜香肉泥中加入盐、黑胡椒粉、料酒，用力单向搅拌上劲，再加入鸡蛋清如前操作，之后加少许清水如前操作，最后加入少许干淀粉拌匀。

3. 把菜香肉泥捏握成丸子，放入盘中备用。

4. 锅中添水煮开，倒入所有肉丸煮熟，加入青菜叶、盐，淋入香油即可。

咖喱肉丸汤

原料：猪五花肉300克，青、红彩椒各1个，鸡蛋1个，茴香1根，色拉油25毫升，绍酒、姜汁各5毫升，高汤1 500毫升，大葱、洋葱、咖喱酱、陈皮末、精盐适量，香油少许。

制作：

1. 猪肉洗净，剁（或放入绞肉机中绞）成肉泥。

2. 彩椒洗净去籽切块，洋葱洗净切小丁，茴香洗净切段，大葱切成葱花，鸡蛋磕入碗中搅成蛋液。

3. 肉泥中加入精盐、绍酒、姜汁、葱花、陈皮末、蛋液和香油，用筷子顺时针搅打至起劲，挤成肉丸，下入温水锅中，小火煮熟捞出。

4. 另锅注油，烧热，下入洋葱末炒香，再下入彩椒炒匀，添入高汤，加入咖喱酱煮沸，再加入熟肉丸、精盐煮至入味，撒入茴香段即可。

肉 丸 生 菜 汤

原料： 新鲜猪肉馅150克，鸡蛋1个，生菜250克，干花椒5粒，盐、胡椒粉、鸡粉、生抽各适量。

制作：

1. 新鲜肉馅中加入胡椒粉、鸡粉、生抽、鸡蛋液，搅拌均匀，然后分3次加入清水（每次少许），用力单向搅打至起胶。

2. 生菜拆散清净、切成小段。

3. 汤锅中加500毫升清水和干花椒，大火煮沸后改小火，用小汤匙挖起适量肉末，搓成丸子下锅。

4. 煮至肉丸变色后大火煮10分钟，撇去浮沫、花椒粒。

5. 下入生菜，稍煮加盐调味即可。

清 汤 丸 子

原料：猪五花肉 300 克，时令蔬菜 200 克，水发粉丝 300 克，干黄花菜 20 克，干木耳 10 克，上汤 1 000 毫升，鸡蛋 1 个，酱油、葱、姜、生粉、香油、胡椒粉各少许。

制作：

1. 黄花菜、木耳用清水泡涨，去蒂洗净。

2. 葱姜洗净，剁成细末；时令蔬菜洗净焯熟。

3. 猪肉剔去筋膜，剁成蓉，拌入葱姜末，加胡椒粉、鸡蛋液、盐、生粉、水拌匀，用力单向搅打至起胶。

4. 烧沸上汤，将肉蓉挤成直径 2 厘米的丸子下入锅中，加入盐、酱油、味精、粉丝、黄花、木耳。

5. 汤开，放入时令蔬菜，淋入香油即可。

豆 腐 肉 丸 汤

原料：熟猪肉丸 10 枚，韧豆腐 1 盒，速冻鲜玉米粒、油菜、粉丝各适量，浓汤宝 1 盒。

制作：

1. 将每个肉丸均切成 4 瓣，油菜撕开洗净；豆腐切成小块，焯水沥干。

2. 砂锅中添 750 毫升清水，大火煮沸，放入浓汤宝，搅拌至完全融化。

3. 再放入肉丸瓣和豆腐块、粉丝，稍沸加入玉米粒、油菜，煮 2～3 分钟即可。

时蔬肉丸汤

原料：猪瘦肉末 200 克，胡萝卜、山药各 1 根，水发黑木耳 25 克，拌馅调料 1 份，姜片、蒜瓣适量，盐、糖、虾粉少许。

制作：

1. 肉末加入拌馅调料，搅拌均匀后团成肉丸子（约 12 个）。

2. 胡萝卜、山药去皮洗净，切滚刀块，入沸水焯几分钟捞出。

3. 黑木耳去蒂洗净。

4. 砂锅放入清水和姜片、蒜瓣、黑木耳、胡萝卜、山药大火煮开，转小火煮 15 分钟，加盐、糖、虾粉等调味料。

5. 最后加入肉丸，煮 3～5 分钟即可。

胡萝卜洋芋肉丸汤

原料：鲜猪肉末 200 克，胡萝卜、洋芋（土豆）、芹菜各 50 克，葱、姜、生抽、料酒、酱油各适量，淀粉、花椒粉、盐各少许。

制作：

1. 胡萝卜去皮洗净切成粒；土豆去皮洗净，切成粗丝后泡水；芹菜去叶洗净，斜刀切成细长丝；葱、姜洗净切末。

2. 猪肉末加葱姜末、料酒、生抽搅拌均匀，再加入胡萝卜颗粒、淀粉、盐和少许清水，用筷子单向搅打，充分上劲至肉末黏稠，将其团成约 10 个胡萝卜肉丸备用。

3. 炒锅注油烧热，下花椒粉、酱油爆锅，放入沥干的土豆丝爆炒几下，添入清水。

4. 烧至滚沸时下入胡萝卜肉丸，大火煮约 3 分钟，丸子全部浮起后，放入芹菜丝，加盐调味即可。

香菇黄瓜肉丸汤

原料：猪肉馅300克，鲜香菇、胡萝卜、黄瓜各100克，水发木耳50克，鸡蛋1个，淀粉15克，老抽、葱末、姜末、盐、花椒粉、胡椒粉各少许。

制作：

1. 猪肉馅加葱姜末、老抽、花椒粉搅拌均匀，腌制10分钟。

2. 水发木耳去蒂洗净切末，香菇洗净挤干切末，胡萝卜洗净刮皮，切末和片各一半；黄瓜洗净去头尾切片。

3. 在腌制好的肉馅中加入木耳末、香菇末、胡萝卜末，搅拌均匀，再加入鸡蛋液、淀粉和适量盐，用力沿着一个方向搅动上劲，直至肉馅黏稠为止。

4. 汤锅烧开转小火，取肉馅挤成肉丸，轻放到锅中，丸子全部下锅浮起，转大火。

5. 加入胡萝卜片、黄瓜片稍煮，加盐、胡椒粉调味即成。

什锦鲜蔬肉丸汤

原料：猪肥瘦肉馅200克，金针菇、胡萝卜、嫩西葫芦、西红柿、小青菜各适量，蛋清1个，面粉15克，淀粉、葱姜末、盐、胡椒粉、大海米、八角各少许。

制作：

1. 猪肉馅中加入葱姜末、盐、蛋清液、淀粉，搅拌均匀后掺入干面粉，团成肉丸。

2. 金针菇、小青菜洗净沥水；胡萝卜洗净去皮，用削皮刀顺长刨成长条片；嫩西葫芦洗净，用削皮刀刨成长条；西红柿烫后去表皮，切成小块。

3. 砂锅内放入大海米、八角、少许盐，加 500 毫升清水烧开，将团好的肉丸子下锅，加入金针菇、胡萝卜条，丸子浮起转小火煨 5 分钟。

4. 放入西红柿块、嫩西葫芦条、小青菜，大火煮 2 分钟，加盐、胡椒粉调味即成。

肉丸鱼丸双菇汤

原料：猪梅花肉（肩胛肉）300 克，鲜墨鱼（乌贼）2 只，平菇、杏鲍菇各 75 克，鸡蛋 1 个，料酒、葱、姜、胡椒粉、盐各适量。

制作：

1. 平菇洗净撕块，杏鲍菇洗净切片，葱切花，姜切末，鸡蛋磕破取蛋清打散。

2. 把鲜墨鱼撕掉表皮、剥开背皮、拉出灰骨、除去内脏和眼珠，洗净剁成鱼泥。

3. 将猪梅花肉洗净、去筋、剁成肉泥。

4. 将墨鱼泥和肉泥混合成肉糜，加入料酒、姜末、盐搅拌均匀，再加入胡椒粉、味精、蛋清沿一个方向搅打，直至打上劲为止。

5. 锅中添水置于火上（不必待水开），用调羹把肉糜做成一个个丸子下入锅内，至丸子下完并渐渐浮起，改大火烧汤至滚沸，再放入平菇、杏鲍菇煮开。

6. 最后加盐、胡椒粉，撒上葱花调味即成。

卷心菜肉丸汤

原料：猪肉末 100 克，卷心菜 300 克，鲜香菇 5～6 个，胡萝卜 50 克，粉丝 50 克，大葱、生姜各 15 克，大蒜 3 瓣，鸡蛋 1 个，食用油 25 毫升，淀粉、料酒、酱油、蚝油、盐、胡椒粉、鸡精、香醋各适量。

制作：

1. 卷心菜剔筋洗净，切大菱形块；香菇洗净，切十字刀块；胡萝卜洗净刮皮切薄片，大葱、生姜洗净切细末，大蒜拍扁切末，鸡蛋打开仅取蛋清。

2. 肉末中加入姜末、料酒、酱油、蚝油，朝一个方向用力搅打，再加入少许盐和蛋清、淀粉，继续搅打至上劲。

3. 烧锅注油烧至微热，下蒜末爆香，放入卷心菜、胡萝卜炒一下，加入香菇翻炒片刻，添汤至液面淹没蔬菜，加粉丝、鸡精后转为中火。

4. 汤将开时，用小匙把肉馅挖成肉丸，一个个轻放入锅，全部下完大火煮至肉丸熟，关火滴入香醋即可。

番茄豆芽肉丸汤

原料：猪肥瘦肉 250 克，大番茄 1 个（约 150 克），黄豆芽 100 克，鸡蛋 1 个，清汤 1 000 毫升，酱油 15 毫升，大葱、生姜、水豆粉、精盐、味精各少许。

 制作：

1. 将葱切成葱花、碎末各半，生姜洗净拍破、切末各半，番茄洗净去蒂切厚片，黄豆芽洗净掐去须根；鸡蛋磕破取蛋清。

2. 猪肉洗净，去筋后剁成肉蓉，加入精盐、味精、酱油、葱末、姜末、蛋清液及少许清水，用力向一个方向搅拌，然后再加入水豆粉，继续搅拌至上劲。

3. 汤锅置于旺火上，加入清汤和拍破的姜，烧沸后转小火，将肉馅用小汤匙舀成 2 厘米大小的丸子逐一放入锅中，煮至肉丸浮出汤面时，加黄豆芽、番茄片和少许精盐、酱油、味精，汤锅再次烧沸后，捡去破姜、撒入葱花即成。

咖喱肉丸汤

原料：肥瘦猪肉 300 克，大土豆 1 个，胡萝卜半根，洋葱半个，大蒜 2 瓣，鸡蛋 1 个，咖喱块 20 克，姜、鸡粉、香叶、盐、黄油各适量。

 制作：

1. 土豆、胡萝卜去皮洗净切滚刀块；洋葱去老皮七成切小块、三成切碎末；生姜去皮洗净切末，蒜瓣剥皮洗净切片，香叶洗净。

2. 猪肉洗净剁成肉碎，装入大碗，磕入鸡蛋，放入洋葱碎和少许盐，用力沿着一个方向搅拌上劲，用手团成大小适中的肉丸。

3. 煮沸大半锅清水，放入肉丸烫至外表成形、肉馅半熟，捞出备用。

4. 另取一锅置于火上，放入黄油，待黄油全融化，下姜末、蒜片略爆，再下土豆、胡萝卜、洋葱和香叶煸炒 3～4 分钟，添1 000毫升水，盖盖，大火煮 8 分钟。

5. 转小火，放入咖喱块儿和半熟肉丸并不断搅拌（避免咖喱粘锅煳底、加速咖喱融化），煮至肉丸熟，加盐和鸡粉调味即可。

咸肉荠菜豆腐汤

原料：咸肉 100 克，荠菜 150 克，豆腐 1 盒，生姜、料酒适量。

 制作：

1. 咸肉用温水洗净,切2毫米厚片;用小刀在豆腐盒里横划几刀。
2. 荠菜择洗干净、沥水，生姜切大片。
3. 锅中添注适量清水，倒入咸肉、姜片大火煮。
4. 汤加入料酒继续煮沸2分钟，倒入豆腐再煮 5 分钟。
5. 撒入荠菜，至荠菜变色出锅即可。

河蚌咸肉豆腐汤

原料：大河蚌 1 个（约 500 克），咸肉 150 克，竹笋、豆腐各 250 克，葱、姜各 10 克，料酒、盐、胡椒粉适量。

制作：

1. 河蚌剖开剥离蚌壳，去除肠鳃等脏物后，用木棍捶松蚌肉边缘，用少许盐涂抹蚌肉并抓捏片刻去除黏液，再用清水冲洗干净。

2. 咸肉洗净切片，大葱斜刀切丝，姜切片。

3. 河蚌放入锅里，加清水、葱姜、料酒烧开，煮 5 分钟捞出，冲净后切成小块。

4. 竹笋去壳切斜刀块，入沸水锅煮 5 分钟捞出。

5. 豆腐切成小块，入沸水锅烫后捞出。

6. 将河蚌、咸肉、竹笋一起放入锅里，加足量清水烧开，小火炖 1.5 小时。

7. 至河蚌酥软，下入豆腐再煮 5 分钟，调入适量盐和胡椒粉即可。

咸肉冬瓜汤

原料： 冬瓜 300 克，咸肉 100 克，扁尖笋 100 克，食用油 25 毫升，料酒 15 毫升，生姜、香葱适量。

制作：

1. 咸肉切片，在温水中浸泡片刻。

2. 扁尖笋切段，在清水中浸泡 15 分钟。

3. 冬瓜去皮洗净，切 5 毫米厚片；生姜切片，香葱切末。

4. 炒锅注油烧至五成热，放入姜片煸出香味，再放入咸肉、扁尖笋翻炒 2 分钟，淋入料酒。

5. 添入 500 毫升清水，大火煮沸后转小火煮 10 分钟。

6. 下冬瓜片，煮至软熟，撒入葱末即成。

咸肉丝瓜香芋汤

原料：香芋、丝瓜各150克，咸肉75克，鸡精适量。

 制作：

1. 将香芋、丝瓜分别去皮洗净，切成滚刀小块。
2. 咸肉洗净切片。
3. 炒锅注油烧热，下入香芋块翻炒几下。
4. 放入咸肉片稍加翻炒，添入适量清水烧开，煮至香芋熟软。
5. 再放入丝瓜块煮开。
6. 最后加鸡精调味即可。

咸肉绿豆芽汤

原料：绿豆芽200克，胡萝卜100克，咸肉100克，鸡精少许。

制作：

1. 将咸肉洗净切薄片。
2. 绿豆芽洗净，掐去根须；胡萝卜洗净、去皮，斜刀切成丝。
3. 锅中添入适量清水，下入咸肉片煮开。
4. 撇除浮沫，煮2～3分钟，下入绿豆芽和胡萝卜丝，搅动一下煮开。
5. 加鸡精调味即可。

冬瓜毛豆咸肉汤

原料：冬瓜 300 克，咸肉 100 克，毛豆 100 克，橄榄油 15 毫升，料酒 10 毫升，香葱、生姜、食盐、鸡精各适量。

 制作：

1. 将毛豆剥好，豆粒冲洗后控水。
2. 咸肉用淘米水洗净油污，切成薄片。
3. 冬瓜去皮洗净切块，香葱洗净切末，生姜洗净切片。
4. 炒锅注油烧热，依次下入毛豆、咸肉、姜片翻炒，炒至毛豆断生、咸肉出油。
5. 再下入冬瓜片翻炒，烹入料酒，添适量清水，大火煮开。
6. 转中火煮至咸肉熟、冬瓜酥，加入鸡精、撒入葱末即可。

咸肉排骨萝卜汤

原料：白萝卜 300 克，咸肉 150 克，猪小排骨 250 克，香葱 1 根，料酒、鸡精各适量。

制作：

1. 白萝卜削顶、去尾、洗净，切滚刀块；香葱洗净切末。
2. 咸肉用淘米水泡后冲净，切成小块。
3. 猪小排洗净，斩成小段，焯水后冲净。
4. 将排骨和咸肉放入高压锅里，倒入适量清水，加入料酒，盖上锅盖大火煮沸。

  5. 转中小火煮 10 分钟后关火，片刻后开盖。

  6. 加入萝卜块，再盖盖煮开，转小火煮 5 分钟。

  7. 关火片刻，开盖，加鸡精搅匀出锅，装碗时撒入葱末即成。

冬瓜海带咸肉汤

原料：冬瓜 200 克，鲜海带 100 克，咸肉 75 克，食用油、料酒、葱、姜、蒜、盐、鸡精各适量。

制作：

  1. 冬瓜去皮、瓤，洗净切厚片；咸肉洗净切薄片，葱蒜洗净切末，姜切片。

  2. 海带洗净泥沙黏液，切长丝，下开水锅焯 3 分钟捞出。

  3. 炒锅注油烧至六成热，下入姜片爆香，放入咸肉煸炒至出油，接着放入冬瓜片一同翻炒，盛出备用。

  4. 另取砂锅添入适量清水，下入炒过的冬瓜、咸肉、焯过水的海带丝，加入料酒，大火煮开。

  5. 转小火煮 5 分钟，至冬瓜酥烂，加入盐、鸡精、蒜末、葱末调味即可。

玉 米 咸 肉 汤

原料：冬瓜 250 克，咸肉 100 克，黑木耳 6 朵，熟玉米 1 根，葱 2 根，姜 1 块，料酒、鸡精各适量。

制作：

1. 冬瓜去皮洗净，切骨牌块；咸肉洗净，切稍小的块；黑木耳泡发洗净，撕成片；玉米切2厘米长段；葱、姜洗净分别切末、切片。

2. 砂锅内放入咸肉、黑木耳、姜，添适量清水大火烧开，淋入料酒，继续煮10分钟。

3. 放入玉米段，盖盖，中火煮15分钟。

4. 最后放入冬瓜、盐，煮5分钟，至玉米、冬瓜酥烂。

5. 撒入葱花、鸡精即可。

苦 瓜 酿 肉 汤

原料：苦瓜1根，猪瘦肉馅100克，干贝2粒，干黄豆、冬菜各50克，胡萝卜1根，干香菇3朵，蛋清1个，黄酒50毫升，干淀粉15克，香油、蘑菇精（或鸡精）、白胡椒粉、盐各少许。

 制作：

1. 干黄豆提前一晚水发，搓去豆皮，洗净沥水。

2. 干香菇水发洗净，切成碎粒。

3. 干贝装碗中，加入黄酒，入蒸锅大火隔水蒸15分钟，取出待凉，撕成细丝。

4. 冬菜切成碎粒；胡萝卜横切成圆薄片，再取一半的薄片切成碎粒。

5. 苦瓜洗净，切成1.5厘米段，抠出瓜瓤和瓜籽，做成苦瓜圈。

6. 将猪瘦肉馅、香菇碎、冬菜碎、胡萝卜碎混合，加入蛋清、白胡椒粉、蘑菇精、香油，沿一个方向搅拌均匀成馅料。

7. 在苦瓜圈内壁上涂一层干淀粉，取适量拌好的馅料塞入苦瓜圈内，用小匙从两端将馅料压实，并在一侧贴上胡萝卜薄片。

8. 将塞好馅料的苦瓜圈、泡发的黄豆和干贝丝置于砂锅中，添入适量水，大火烧开，转小火煮15分钟，加盐调味即可。

丝瓜酥肉汤

原料： 丝瓜150克，五花肉300克，面粉100克，鸡蛋2个，料酒10毫升，花椒粉3克，酱油15毫升，植物油25毫升，小葱2棵，生姜2片，八角1个，盐适量。

制作：

1. 五花肉洗净、去皮，切成大薄片，放入盆中，加料酒、花椒粉、少许盐拌匀，腌10分钟。

2. 把2个鸡蛋打入半碗面粉中，搅拌（不要单向搅上劲）均匀，再加少许水搅拌成稠面糊，把面糊倒入五花肉片中，搅匀至肉片全部被面糊裹住。

3. 丝瓜去皮切滚刀块，姜切片，葱切段、碎花各半。

4. 炒锅注油烧热，用筷子夹住肉片放入油锅中煎炸，中火将肉片炸至表面金黄捞出，即为酥肉。

5. 另取锅添适量清水，放入酥肉，加入葱、姜、八角、酱油，大火烧开，小火煮15分钟。

6. 放入丝瓜煮软，加盐调味，撒入葱花即成。

海带酥肉汤

原料：五花肉 300 克，海带 100 克，面粉、淀粉各 25 克，葱、蒜、盐、鸡精、胡椒粉、白糖、料酒、醋各适量。

 制作：

1. 五花肉去皮洗净，切成大块，加入盐、鸡精、料酒、胡椒粉腌制 20 分钟。

2. 面粉和淀粉加少许水搅拌成稠糊，倒入腌制好的肉块中搅拌，至所有肉块表层都均匀地裹住面糊。

3. 炒锅注油烧热，下入肉块，炸至金黄色捞出，沥油后切成小块备用。

4. 留少许油烧热，下葱、姜、蒜煸炒出香味，倒入适量清水，加入鸡精、料酒、醋、胡椒粉，放入海带炖片刻，再放入酥肉炖 10 分钟，出锅撒上葱花即可。

莲子猪心汤

原料：猪心 100 克，莲子 50 克，干枣、桂圆、大葱、生姜各 10 克，酱油、盐、味精、香油、植物油各少许。

制作：

1. 将猪心洗净去杂，切成小块。

2. 莲子稍泡，去莲心；红枣、桂圆洗净，葱切碎花，姜切丝。

3. 炒锅注油烧热，下葱、姜爆香，加酱油、盐及适量清水，放入猪心、莲子、桂圆肉、红枣，大火烧沸，改小火煮至莲子酥软。

4. 出锅前加入味精、香油即可。

茶树菇猪心汤

原料：猪心 1 个，干茶树菇 75 克，小番茄 6 粒，油菜 100 克，葱花、姜片、盐、酱油、味精、大蒜油、料酒各少许。

 制作：

1. 猪心剖开，去除污血，洗净切片。
2. 干茶树菇用冷水泡发，去蒂，洗净切段。
3. 小番茄洗净切瓣，油菜择洗干净。
4. 锅中注油烧热，下入葱花、姜片炝锅，放入猪心翻炒，烹入料酒，加酱油炒至上色，然后添入 1 500 毫升高汤，加入茶树菇、精盐，煮沸片刻后再放入小番茄和油菜煮几分钟，最后加味精调味，淋大蒜油即可。

美颜益肤猪心汤

原料：猪心 1 个，猪瘦肉 150 克，桂圆肉、红枣、莲子各 50 克，陈皮 1 块，米酒 15 毫升，盐适量。

制作：

1. 瘦肉和猪心洗净，氽水冲净，去除猪心里面的白筋后切片。
2. 桂圆、红枣和莲子洗净；陈皮洗净、泡软，刮去内瓤。
3. 锅中添适量水煮沸，放入所有食材，大火煮 20 分钟，淋入米酒，转小火煲 1 个小时，加盐调味即可。

西红柿鸡蛋猪腰汤

原料：猪腰子 400 克，西红柿 2 个，鸡蛋 2 枚，色拉油、料酒、胡椒粉、葱、姜、盐各适量。

制作：

1. 将猪腰子洗净，对半切开，除去腰臊，改斜刀切十字花（刀口深而不断）。

2. 锅中添适量清水，加少许料酒烧开，下入腰花焯水，捞出冲净后浸在冰水中。

3. 西红柿用开水浇烫剥皮、切成滚刀块；姜切片，葱切碎花。

4. 炒锅注油烧热，煸炒番茄、姜片，炒至起沙泛红油，加入适量热水及少许黄酒，烧沸后加生抽提鲜，加盐调味。

5. 调味后加入浸冰的腰花，再把鸡蛋直接磕进锅里，边磕入边打散成蛋清、蛋黄飘逸的蛋花。

6. 起锅时撒上胡椒粉、葱花即可。

山 药 猪 腰 汤

原料：猪腰 1 个，山药半根，姜片、葱花、盐、料酒、鸡精、胡椒粉、食油、麻油各适量。

制作：

1. 猪腰对半切开，去除白色筋膜，在加有少许料酒、盐的凉水中浸泡 30 分钟，入锅前 10 分钟焯一下热水；山药切块。

2. 热锅倒入食油，下入姜片、葱花煸出香味。

3. 放入焯过的腰子、料酒爆炒 2 分钟。

4. 添入半碗水，待烧开，放入山药。

5. 烧至山药软烂，放入盐、鸡精、麻油、白胡椒粉即可。

枸杞虫草花猪腰汤

原料：猪腰2个，虫草花20克，枸杞10克，生姜1块，盐适量。

制作：

1. 猪腰对半切开，去除里面白色的筋膜，然后切成小块。
2. 虫草花和枸杞分别洗净，姜去皮切成丝。
3. 猪腰、虫草花、枸杞和姜丝一起放入炖盅，加入3碗清水。
4. 隔水炖1～1.5小时，加盐调味后即可。

番 茄 腰 花 汤

原料：猪腰2个，番茄2个，葱花、姜片、油适量。

制作：

1. 猪腰对半切开，把白筋剔除干净，放入水中用力将血水挤出，再撕开外层表面白膜。

2. 将腰子表面用刀轻轻切一层，再斜切成条状（不要切断），用盐搓一下冲洗干净。

3. 番茄开水烫后剥去皮，切成小块。

4. 起油锅，把番茄爆炒至出红油，加适量清水，再加姜片、盐用大火烧开，放入冲洗干净的腰花，烧开片刻后加料酒，撇去浮沫。

5. 撒上葱花即可。

腰 花 木 耳 汤

原料：鲜猪腰 200 克，黑木耳 50 克，葱花、胡椒粉、盐、鸡精、植物油等各适量。

制作：

1. 将猪腰切成两半，去筋膜、洗净、切片，放入沸水中烫过；黑木耳泡发洗净、撕成小朵。

2. 锅中注油烧热，下入葱花和花椒粉，爆香后放入腰片炒匀。

3. 添入清水，大火煮沸后转小火煮 5 分钟，放入黑木耳煮 3 分钟，加盐和鸡精即可。

金 针 菇 猪 腰 汤

原料：猪腰 1 只，金针菇 150 克，西红柿 1 个，青毛豆 50 克，食油、葱花、姜片、盐各适量。

制作：

1. 猪腰剖开，剔除臊腺，泡水 30 分钟，其间揉捏渗出血水后换水 2~3 次，放入加了料酒、姜片的沸水中烫一下，捞出洗净，切成斜条，泡在冷水中备用。

2. 西红柿浇开水烫软、剥去外皮，切骰子丁。

3. 金针菇洗净泥沙、去根须；青毛豆剥散，将豆粒洗净。

4. 炒锅注油烧热，下入葱花、姜片爆香，放入西红柿丁煸炒至泛红油，添适量清水汤煮沸。

5. 放入毛豆粒、金针菇，至豆粒、金针菇熟软，从冷水中捞出腰子条放入汤锅，加盐调味，中火煮 2 分钟即可。

菠 菜 猪 腰 汤

原料：猪腰 1 个，菠菜 300 克，食油、姜丝、料酒、盐、味精各少许。

 制作：

1. 菠菜洗净，揪成 3 厘米长的段儿。

2. 猪腰洗净剔除白色筋膜，切片后加盐、料酒、姜丝拌匀，腌制片刻。

3. 锅烧开一碗水，加少许盐、油，放入菠菜焯熟捞出。

4. 净锅再添一大碗水，放入姜丝和油烧开，加入猪腰片稍煮。

5. 加盐、味精调味，再下入焯熟的菠菜即可。

猪 腰 木 耳 汤

原料：猪腰 2 个，木耳 30 克，瘦肉 300 克，红枣 10 粒，姜 3 片。

制作：

1. 猪腰剖开去除白筋，用清水浸泡 30 分钟，捞起切大块，用适量盐抹匀，腌 10 分钟后将盐冲净。

2. 木耳用温水泡发，去蒂洗净。

3. 红枣洗净、拍扁去核。

4. 瘦肉洗净切大块，汆水后捞起。

5. 锅中添适量清水烧开，放入所有食材，大火煮 10 分钟，转小火煲 1.5 小时，加盐调味即可。

芥菜凤尾菇猪腰汤

原料： 猪腰 2 个，凤尾菇 200 克，芥菜 75 克，鸡汤 500 毫升，花生油 30 毫升，绍酒 15 毫升，酱油、盐、泡椒、葱花、蒜片各适量。

 制作：

1. 猪腰洗净剖开，去除臊筋，改花刀。

2. 凤尾菇洗净切片，芥菜洗净切段。

3. 锅中注油烧热，先爆香葱花、蒜片、泡椒，再放入猪腰炒至断生，淋绍酒，下凤尾菇和芥菜翻炒，加入鸡汤、酱油、盐，炖至入味即可。

桃仁黑豆猪腰汤

原料： 猪腰 2 个，核桃仁 50 克，黑豆 100 克，盐 3 克。

制作：

1. 黑豆放入热锅中，用慢火炒至豆衣裂开，盛出备用。

2. 核桃仁用清水洗净，沥水。

3. 猪腰洗净，从中间切开，去除白色筋膜。

4. 将备好的原料一齐放入砂煲内，添适量清水，大火煮沸后，改用小火煲 1.5 小时，加盐调味即可。

家常猪血汤

原料：猪血 1 块（约 400 克），香菜、香油、盐、胡椒粉、鸡精各适量。

 制作：

1. 猪血切成小方块，香菜切碎。
2. 锅中添适量水烧开，放入猪血块，小火煮 5 分钟。
3. 加盐、胡椒粉、香菜、香油、鸡精即可。

韭菜猪血汤

原料：猪血 300 克，嫩豆腐 1 块（约 300 克），韭菜 100 克，猪骨汤 1 000 毫升，色拉油 5 毫升，大蒜、生姜、盐、白胡椒粉少许。

 制作：

1. 猪血洗净，与嫩豆腐分别切成长薄片。
2. 韭菜择洗净切段，大蒜洗净切片，生姜去皮切细丝。
3. 炒锅注油烧至五成热，放入蒜片，用小火慢慢煎至金黄色取出。
4. 另锅添入适量清水，大火烧沸后放入猪血片，烧沸 1 分钟后捞出，放入冷水中浸凉。
5. 净锅倒入猪骨汤，放入嫩豆腐片、猪血片，大火烧沸，再放入姜丝和韭菜段。
6. 再次烧沸后离火，调入盐和白胡椒粉，撒入蒜片即可。

木耳猪血汤

原料：猪血250克，水发木耳50克，盐2克。

 制作：

1. 将猪血冲洗干净，切成约2厘米见方小块。
2. 木耳去蒂。洗净，撕成小块。
3. 猪血与木耳同放锅中，添适量清水，大火烧开。
4. 用微火炖至血块浮起，加盐调味即可。

香菇猪血汤

原料：猪血200克，香菇20克，葱、姜、精盐、味精、麻油各适量。

制作：

1. 将香菇水发、去柄、洗净、切碎；猪血切成小方块。
2. 将猪血、香菇同放入沙锅中，添入清水500毫升，煮熟后加入葱、姜、精盐和味精，淋入麻油即可。

猪血豆腐汤

原料：猪血300克，水豆腐300克，高汤1 200毫升，植物油25克，料酒5毫升，姜丝、青蒜末、盐、胡椒粉各适量。

制作：

1. 猪血、豆腐分别洗净、切小块，焯后备用。

2. 炒锅注油烧至六成热，下入姜丝煸出香味，再下焯过水的猪血、豆腐滑炒。

3. 烹入料酒，倒入高汤，加盐和胡椒粉调味。

4. 大火煮开后洒入青蒜末即可。

洋参猪血豆芽汤

原料： 新鲜猪血块 250 克，猪瘦肉 100 克，黄豆芽 200 克，西洋参 15 克，生姜 2 片，盐少许。

 制作：

1. 猪血、猪肉洗净，猪血切大块儿，猪肉切片，分别入沸水锅汆烫，捞起洗净。

2. 西洋参、生姜洗净，分别切片；黄豆芽泡水 30 分钟，掐去须尾洗净。

3. 瓦煲内添适量清水，放入西洋参、生姜，大火煮沸，再放入猪血块、猪肉片，改用慢火煲 1 小时。

4. 加入黄豆芽，再煲 10 分钟，加盐调味即可。

莲子猪肚汤

原料： 猪肚 1 个，莲子 25 克，大葱 2 段，香葱 4 根，姜 1 块，花椒 15 克，黑胡椒粉 10 克，盐 5 克，料酒 15 毫升，香油 10 毫升。

制作：

1. 猪肚内外，撒上面粉和食盐反复揉搓，用水冲净，如此重复几遍后，将猪肚切宽条备用。

2. 锅中添适量冷水，放入花椒、半块拍碎的姜和猪肚，中小火煮开，2分钟后淋入料酒，再次煮开，捞出洗净。

3. 将猪肚条、莲子、葱段、姜片和足量水一起放入汤锅，大火烧开，小火煲到汤呈奶白色。

4. 调入盐、黑胡椒粉继续小火煮15分钟。

5. 出锅前加入香油和香葱即可。

腐竹猪肚汤

> 原料：猪肚 300 克，腐竹 150 克，南杏、北杏各 6 枚，生姜、胡椒粒、盐各适量。

 制作：

1. 将猪肚刮去筋膜脏污，将其外翻把里面涂抹上面粉、食油、碱面，揉搓出黏液用流水清洗掉，如此重复操作几遍。

2. 锅中添水烧开，放入两片姜，再放入猪肚，焯水 2 分钟捞出。

3. 换砂煲，将水烧开后放入猪肚、腐竹、姜片、南北杏和胡椒粒。

4. 再次烧开后转小火，煲 1.5 小时，加少许盐调味即可。

白胡椒煲猪肚汤

> 原料：猪肚 1 只，白胡椒粒 15 克，盐、白芝麻、鲜酱油、葱末各适量。

制作：

1. 将猪肚用面粉和油清洗干净。

2. 将白胡椒粒用料理机打碎。

3. 将猪肚一头的孔洞用线绳扎紧，放入打碎的胡椒末，再用线绳扎紧另一个孔洞。

4. 将猪肚装入砂锅，添汤，大火煮沸，转小火慢煲 1 小时，至汤色奶白、猪肚酥烂，加盐调味，撒入葱末即可。

5. 将猪肚捞出，晾凉切条，撒上葱末、鲜酱油、白芝麻，即是一道鲜美的冷盘。

腐竹白果猪肚汤

原料：猪肚 1 只，猪瘦肉 150 克，腐竹 75 克，白果仁 75 克，生薏米、熟薏米各半碗，马蹄 4 个，淀粉、生抽、料酒、盐各适量。

制作：

1. 将猪肚处理干净，下开水锅中煮片刻，取出冲净。

2. 猪肉洗净切成块，用淀粉、料酒、盐抓匀。

3. 腐竹折段，白果去心，马蹄切片。

4. 砂锅添适量水烧开，下猪肚、瘦肉块煲约 1 小时后，加入其他原料再煲 1 小时即成。

5. 关火后捞出猪肚晾凉，片成薄片，与其他料一起装碟，蘸生抽食用；汤汁直接饮用。

肥肠豆花汤

原料：猪大肠 500 克，内酯豆腐 100 克，植物油 30 毫升，料酒 10 毫升，酱油 5 毫升，郫县豆瓣酱、泡椒各 10 克，大葱、小葱各 5 克，大蒜 2 瓣，姜 2 克，花椒粉 5 克，盐 3 克，味精 1 克。

 制作：

1. 姜、蒜切末，葱切碎花，郫县豆瓣酱、泡辣椒剁成蓉。

2. 将大肠上的筋膜、杂质油脂剔除、洗净，翻转肠壁撒上生粉、盐、醋，揉搓，最后再撒碱面揉搓洗净。

3. 锅内添适量水，放入大肠，加料酒、姜末、蒜末、葱花煮熟，捞出晾凉，切成长条片或菱形块备用。

4. 炒锅注油烧热，放入肠头煸炒，加花椒粉、姜末、葱花、精盐、味精炒至干香盛出。

5. 炒锅再注油烧热，下入豆瓣蓉、泡椒蓉炒出香味，加入高汤烧开。

6. 捞出豆瓣、泡椒，放入嫩豆花、肥肠头，煮至熟软入味汁浓，撒上香葱末即可。

豌豆肥肠汤

原料：新鲜猪大肠 750 克，干豌豆 75 克，花椒、姜各 5 克，大葱 10 克，精盐 10 克，味精、胡椒粉各 2 克，米醋 20 毫升，白矾 1 克。

制作：

1. 将猪大肠处理干净，下在沸水锅内煮约 15 分钟捞出；干豌豆用温热水泡 12 小时；葱切花，姜切末。

2. 把煮过的肥肠再下入开水锅中，加葱、姜、花椒、胡椒粉，旺火烧开，小火炖至七成烂，捞出肥肠，切成小段，再同豌豆一起下锅，继续炖至熟烂，待汤白、豌豆裂口，加入味精、撒上葱花即可。

豆 腐 炖 大 肠

原料： 北豆腐 300 克，熟猪大肠 400 克，泡椒、油菜心各 50克，食油 30 毫升，料酒 15 毫升，酱油 10 毫升，盐、味精少许。

制作：

1. 熟猪大肠、泡辣椒均用斜刀切成马蹄段。

2. 北豆腐切成厚片，入八成热的油锅炸至金黄色捞出，沥净油备用。

3. 油菜心洗净控去水分。

4. 大肠段放入沸水锅内焯水。

5. 另锅置火上，放入鲜汤、大肠段、豆腐片、泡椒段、酱油、料酒和油菜心烧沸。

6. 撇去浮沫，小火炖至熟透入味，撒入精盐和味精即成。

五 更 肠 旺

原料：鸭血 100 克，熟大肠 50 克，葱 15 克，红辣椒 20 克，酸菜 30 克，麻辣汤底、淀粉适量，酱油、糖、米酒、香油、香菜各少许。

制作：

1. 鸭血切块；大肠、葱切段；红辣椒、酸菜切片；香菜切小段。

2. 将麻辣汤底倒入锅中，放入鸭血、大肠、辣椒片、酸菜片及米酒、酱油、糖，大火煮沸，转小火煮 4 分钟，加入葱段再煮 1 分钟，芶薄芡，最后淋香油、撒香菜即可。

花生香菇猪蹄汤

原料：猪蹄 1 只，花生仁 25 克，水发香菇 50 克，红枣 8 粒，盐适量。

 ### 制作：

1. 猪蹄刮洗干净、斩块，焯水捞出，冲洗沥干。

2. 香菇去蒂洗净撕成片，花生仁洗净，红枣洗净去核。

3. 将猪蹄块、香菇片、花生仁一同放入砂煲内，加适量清水，大火煮沸，改用小火煲 1.5 小时。

4. 加入红枣再煲 30 分钟，调味即可。

萝卜猪蹄汤

原料：猪蹄2个，青萝卜1个，葱、姜、花椒、八角、料酒、盐、胡椒粉各适量。

制作：

1. 猪蹄刮洗干净、斩成小块，放入凉水锅中，加花椒、姜片、料酒煮沸，小火再煮2～3分钟后捞出，冲净油腻、污沫，沥水备用。

2. 青萝卜削顶断尾、去皮洗净，切滚刀块。

3. 砂锅中添适量水，放入猪蹄块、八角、葱段、姜片和料酒，大火煮沸后转微火煲2小时。

4. 放入萝卜块大火煮开，转微火煲30分钟，关火前加盐、葱末、胡椒粉调味即可。

花生猪蹄汤

原料：猪蹄1只，花生75克，八角、花椒、高汤精、料酒、盐、葱花各适量。

制作：

1. 花生米洗净，提前3～5小时浸泡，下锅加入适量盐及清水煮熟（烧开后中小火30分钟即可），煮熟关火后不要开盖，1小时后捞出，冲洗沥干备用。

2. 猪蹄洗净，顺骨缝切成块，下开水锅焯5分钟，捞出洗净。

3. 把猪蹄放入砂锅内，加入适量清水、盐以及八角和花椒。

大火烧开，转中火烧 30~40 分钟，加入煮熟的花生，慢火煨 1小时。

4. 出锅撒入葱花即可。

黄豆猪蹄汤

原料：猪蹄 1 只，黄豆 100 克，生姜、大葱、小葱、盐各适量。

制作：

1. 猪蹄切块洗净，黄豆泡软，生姜切片，大葱切长段。
2. 炖锅内添八分满的水，放入猪蹄、黄豆、葱段。
3. 大火煮沸，小火慢炖至绵软糯烂。
4. 出锅前加盐调味，撒上小葱末即可。

酸萝卜炖猪蹄

原料：猪蹄 1 个，泡酸萝卜 250 克，香菜段 10 克，葱段、姜片各 5 克，生抽、料酒各 10 毫升，香油 5 毫升，精盐、味精、胡椒粉各适量。

制作：

1. 将猪蹄刮洗干净，从趾缝下刀劈为两半，再顺关节剁成小块，放入开水锅中煮沸 5 分钟，捞出沥水。
2. 泡酸萝卜切成小块，用开水煮一下，沥干水分。
3. 锅中添适量清水烧沸，放入猪蹄块，加料酒、葱段、姜片烧沸，撇净浮沫，转小火炖至猪蹄八分熟。

4. 再放入酸萝卜块小火炖 30 分钟，至猪蹄熟烂入味、酸萝卜酥软。

5. 加入盐、味精、酱油、胡椒粉调好口味，再炖几分钟关火，盛汤入碗后淋香油、撒香菜段即成。

黄花木耳猪蹄汤

原料：猪蹄 400 克，黄花菜、木耳各 25 克，姜、盐、味精、胡椒粉各适量。

🍲 **制作：**

1. 将猪蹄刮洗干净，斩成块，放入清水锅中烧沸，焯一下捞出，用凉水冲洗沥干。

2. 黄花菜焯过捞出，置于凉水中浸泡 2 小时。

3. 将木耳洗净去蒂、撕块，姜去皮、切片。

4. 锅内添入适量清水，放入姜片、猪蹄块大火煮沸，转小火煨至肉熟骨脱。

5. 加入黄花菜、木耳，小火煨 10 分钟，加盐、味精、胡椒粉调味即成。

海带头猪蹄汤

原料：猪蹄 1 只，海带头适量，葱、姜、香菜、料酒、盐各适量。

🥄 **制作：**

1. 将猪蹄刮洗干净，劈开斩段，投入沸腾的汤锅内余烫，捞出后用凉水洗净油腻污沫，沥水备用。

2. 将海带头洗净杂质、黏液，切成小块。

3. 大葱剥洗干净切段，姜洗净去皮拍碎，香菜洗净切末。

4. 砂锅中添适量水，放入猪蹄、海带头、葱段、姜片和料酒，大火煮开，撇去浮沫。

5. 转小火慢炖 1.5 小时，最后加盐调味，撒入香菜末即可。

茭白猪蹄汤

原料：猪蹄 500 克，茭白 100 克，盐、味精各适量。

制作：

1. 将茭白洗净切片。

2. 将猪蹄刮洗干净，对劈后剁块，下入滚沸的水锅里焯至变色捞出。

3. 另起汤锅，添适量清水，放入茭白片、猪蹄块，大火煮开，转小火焖 1 小时，至猪蹄块烂熟。

4. 撒入盐、味精调味即可。

瓜菇猪蹄汤

原料：猪蹄 1 只，嫩丝瓜、鲜香菇、豆腐各 150 克，红枣（去核）5 枚，枸杞子 10 克，姜片 15 克，精盐、味精各 5 克。

制作：

1. 将香菇去蒂、洗净，枸杞子用温水泡软；丝瓜去皮洗净，切成小块；豆腐洗净切成块。

2. 猪蹄刮洗干净剁成大块，放入开水锅中焯去血水，捞出。

3. 锅中添入清水，放入猪蹄、姜片，大火煮沸，转小火炖 50 分钟，至皮肉熟烂且不脱骨。

4. 然后放入香菇、丝瓜、豆腐、红枣、枸杞再煮 15 分钟，加入精盐、味精调味即可。

木瓜黄豆猪蹄汤

原料：猪蹄 1 只，木瓜 1 个，黄豆 100 克，葱段、姜片、料酒、盐各适量。

制作：

1. 将猪蹄皮刮洗干净切块，用开水烫一下去腥味。

2. 黄豆挑出杂质，提前 3 小时浸泡；木瓜去皮去籽切成大块。

3. 锅中添适量水烧开，放入葱段、姜片、料酒、黄豆及猪蹄小火炖 2 小时。

4. 加入木瓜再炖 30 分钟。

5. 撒入少许盐调味即可。

莲 藕 猪 蹄 汤

原料：莲藕 300 克，猪蹄 400 克，黑豆 50 克，小葱 5 根，生姜 1 块，香菜、花椒、八角、盐、料酒、生抽各适量。

制作：

1. 将莲藕洗净、切片；5 根小葱洗净后，用 4 根分别打成 2

把，1 根切末；生姜去皮切成 6 片；香菜洗净、切末。

2. 黑豆挑净杂质，用温水泡 2～3 小时（冬季需更长时间）。

3. 猪蹄洗净，去角质层，斩成大块，冷水下锅，加 1 个葱把、2 片姜、10 毫升料酒，煮沸后捞出、漂净、沥水。

4. 砂锅添适量清水，下入焯过水的猪蹄、洗好的黑豆，加 1 把葱、4 片姜、15 毫升料酒，花椒、八角各 5 克，大火煮沸后转小火煮 1 小时。

5. 加入莲藕片，继续用微火炖 40 分钟，加盐、生抽调味关火。

6. 装碗后撒入小葱末、香菜末即可。

酸 菜 猪 蹄 汤

原料：猪蹄 1 只，酸菜（川味泡青菜）1 小棵，蒜 5 瓣，葱白 3 段，生姜 3 片，八角 2 个，食油 20 毫升，香油、红辣椒段、盐各适量。

制作：

1. 猪蹄洗净、去角质层、斩成块，焯水后捞出洗净，用冷水浸泡。

2. 酸菜洗净，在清水中浸泡 30 分钟（若从市场采购的先用开水烫过再泡），捞出切小段。

3. 炒锅注油烧至五成热，转小火，保持油温，下入葱白、姜片、蒜泥、红辣椒、八角炸香，下猪蹄块翻炒至出油，再下酸菜段入锅炒干。

4. 将炒锅中所有汤料食材倒入砂锅中，添 1 200 毫升开水，用小火炖 1.5 小时。

5. 加少许盐调味（因泡青菜咸度而定），滴入香油即可。

花腰豆炖猪蹄

原料：猪蹄 750 克，花腰豆 100 克，红枣 8 粒，料酒、葱、姜、盐各适量。

🍲 **制作：**

1. 猪蹄洗净、去角质层、斩块，冷水下锅煮沸，捞出漂净沥水。

2. 花腰豆用清水浸泡 30 分钟，洗净；红枣洗净。

3. 大葱洗净切段，老姜拍破。

4. 汤锅添适量清水置于旺火上，放入猪蹄块、花腰豆、葱段、姜片、红枣、料酒，大火煮 10 分钟。

5. 改小火炖 1.5 小时，加盐调味即成。

黄豆花生煲猪蹄

原料：猪蹄 2 只，花生米、黄豆各 100 克，龙眼肉 15 克，陈皮 1 片，生姜 2 片，葱花少许，盐适量。

🍲 **制作：**

1. 花生米、黄豆洗净，提前 2 个小时泡软备用。

2. 龙眼肉洗净，陈皮洗净、刮去内瓤。

3. 猪蹄刮洗干净、斩大块，放入沸水锅中烫 5 分钟，捞出冲净沥干。

4. 瓦煲内放入适量清水猛火烧开，放入猪蹄、花生米、黄豆、姜片、龙眼肉、陈皮，再烧开，转小火煲 2 小时，关火。

5. 捞出陈皮弃之，加盐和葱花调味即可。

海带黄豆煲猪蹄

原料：猪蹄 1 只，海带 150 克，黄豆 100 克，红枣、食盐、白糖各适量。

制作：

1. 将猪蹄刮洗干净、斩成块，投入沸水锅中烫 5 分钟，捞出冲洗干净备用。

2. 黄豆用凉水泡 3 小时，除去豆皮洗净；海带洗净外表黏液、切菱形块；红枣洗净、去核。

3. 砂锅添入足量热水，下入猪蹄，加适量的食盐、白糖，大火煮沸。

4. 砂锅盖留个缝儿，用中小火慢煲猪蹄 50 分钟，再加少量热水，加入黄豆、红枣继续微火煲 20 分钟。

5. 最后放入海带煲 10 分钟即可。

黄豆香菇煲猪蹄

原料：猪蹄 1 只，黄豆 100 克，香菇 50 克，姜、盐、料酒各适量。

制作：

1. 猪蹄洗净，下入加有少许姜片、料酒的开水锅中汆过捞起。

2. 香菇、黄豆泡发洗净。

3. 将黄豆、香菇、猪蹄、姜片、料酒一同放到压力锅里，添适量清水。

4. 盖好锅盖，上汽后扣上压力阀，小火煲 40 分钟关火加盐调味即可。

芸 豆 猪 蹄 汤

原料：猪蹄 2 个，芸豆 150克，黄豆 100 克，姜 1 块，桂皮、香叶各少许，盐适量。

 制作：

1. 猪蹄切成小块洗净，芸豆和黄豆先泡 4 小时。

2. 锅中水烧开，放入猪蹄块煮片刻，去掉浮沫，可以加一点姜片去腥。

3. 另起炖锅添水烧开，放入泡好洗净的芸豆和黄豆及猪蹄块，一起用大火煮十几分钟，汤发白之后，加桂皮、香叶，小火炖 1 个小时以上，出锅前加盐调味即可。

南 瓜 蹄 花 汤

原料：猪蹄 1 个约 400 克，南瓜 200 克，姜块、葱段各 15克，味精 2 克，料酒 5 克，盐适量。

制作：

1. 猪蹄刮洗干净，漂尽血水，剁成块；南瓜洗净，切成块。

2. 猪蹄放入锅中，添适量清水，下姜块、葱段、料酒烧沸，撇尽浮沫，小火炖至猪蹄八成熟时下入南瓜，待猪蹄软烂时加入盐、味精，拣去姜块、葱段即成。

花生蹄髈汤

原料：猪蹄髈（肘子）1 000克，花生米 150 克，姜 15 克，葱 2 棵，香菜（或青蒜）适量，精盐、胡椒粉、味精各少许。

 制作：

1. 花生米用凉水浸泡后去皮，葱切小段，姜拍破，香菜（或青蒜）切末。

2. 将猪蹄髈刮洗干净，入冷水锅煮沸 2～3 分钟，捞起冲洗干净。

3. 砂锅添清水 2 500 克，下猪蹄髈烧沸后撇尽浮沫，放入一半的姜、葱，小火煮沸 30 分钟，至筷子扎透、不见血水，关火捞出蹄髈。

4. 蹄髈晾凉、剔骨，肉皮朝下铺于砧板上展平，用刀割成 1.5 厘米见方的块，保持肉皮不断。

5. 将割好的蹄髈肉、剔下来的骨棒放回砂锅中，加入泡好的花生米、余下的另一半葱、姜煮开，加盐转小火炖 1.5 小时。

6. 关火，装碗，汤中撒入胡椒粉、香菜（或青蒜）末增色提味，蹄髈肉配蘸碟食用。

蹄髈萝卜汤

原料：蹄髈（肘子）750 克，白萝卜 300 克，胡萝卜 100 克，盐、料酒、八角、香葱、生姜各适量。

制作：

1. 将蹄髈用凉水浸泡 20 分钟，刮洗干净，下凉水锅煮沸，焯去血沫，捞出冲净备用。

2. 白萝卜、胡萝卜分别削顶、去皮、洗净，切成滚刀块；香葱洗净切末，生姜去皮洗净切片。

3. 砂锅添入约 3 000 毫升水，放入蹄髈、八角、姜片大火煮沸，撇净浮沫后加入料酒，盖盖转小火炖 50 分钟。

4. 加入两种萝卜块、盐，再炖 20 分钟关火。

5. 盛碗，撒入香葱即可。

蹄 髈 海 带 汤

原料：猪蹄髈 750 克，海带结 300 克，猪肝 50 克，盐、姜、葱各适量。

 制作：

1. 蹄髈洗净，放高压锅内，加足量的水，焖熟。

2. 蹄髈上的皮和猪肝洗净切块；海带结拆开，洗净切片。

3. 蹄髈炖熟后，将海带、肉皮和猪肝一起放入汤中，加盐及生姜，继续炖 10 分钟关火。

4. 盛碗，撒入葱花即可。

山药黑木耳炖蹄髈

原料：蹄髈 500 克，山药 150 克，土豆 50 克，胡萝卜 25 克，水发黑木耳 25 克，姜 5 克，葱末 3 克，盐、鸡精各适量。

制作：

1. 黑木耳洗净，撕成小块。

2. 生姜洗净切片，山药去皮切滚刀块，胡萝卜去皮洗净切片，土豆洗净切滚刀块。

3. 蹄髈洗净，焯烫后刮洗干净。

4. 把食材都放入电压力锅中，淋入适量的料酒，添入适量的水，盖上锅盖，接上电源，按键扭到"煮汤"挡即可。

5. 煮好后撒入鸡精和盐，盛起再撒上葱末即可。

鲜蔬菌菇蹄髈汤

原料： 蹄髈 250 克，丝瓜 100 克，铁杆山药、水发木耳、水发香菇各 50 克，盐、味精适量。

制作：

1. 山药洗净刨皮切小丁；丝瓜洗净切小条，香菇、木耳洗净撕块。

2. 蹄髈洗净，斩块。

3. 砂锅添入适量清水，下入香菇、木耳和蹄髈，小火炖 2 小时。

4. 加入丝瓜、山药，再炖 15 分钟即可。

竹 笋 蹄 髈 汤

原料： 蹄髈 1 只，竹笋 250 克，咸肉 150 克，葱少许，姜 4 片。

制作：

1. 蹄髈焯水，洗净血水；咸肉切小块。

2. 洗净的蹄髈入锅，添满水，放入 2 个葱结，4 片姜，煮开。

3. 将竹笋洗净切滚刀块，放入锅内，盖上锅盖煮 1 个小时即可。

雪豆肘子汤

原料：猪肘子 1 个约 750 克，大雪豆 150 克，猪骨 2 根，料酒 10 克，姜、葱各 15 克，精盐 3 克，味精 2 克，八角 1 枚，鲜汤 500 克。

制作：

1. 将肘子刮洗干净，砍成大块，同猪骨一起入沸水锅中焯一下；大雪豆洗净，姜拍破，葱挽结。

2. 取沙锅，先垫上猪骨，再放入肘子、雪豆、姜、葱、八角、精盐，添入凉鲜汤，大火烧开，去沫，盖盖炖，待肘子和雪豆皆熟，拣去姜、葱，盛入盆中，加入味精即可。

节瓜猪尾汤

原料：猪尾 300 克，节瓜 400 克，眉豆、花生、盐等各适量。

制作：

1. 节瓜刮皮去瓤洗净，切成 5 厘米长段。

2. 将猪尾刮洗干净，斩成 3 厘米段，入沸水锅汆过。

3. 将猪尾和节瓜放汤煲里，加入眉豆、花生、适量清水，大火烧开，转中火煲 1.5 小时。

4. 最后加盐调味即可。

苦瓜猪尾汤

原料：猪尾 1 根，苦瓜 2 条，香菇 6 朵，红枣 50 克，盐适量。

🍲 制作：

1. 猪尾刮洗干净斩段，放入沸水锅汆烫，捞出洗净沥干。

2. 苦瓜洗净，剖开去籽瓤，切 3 厘米长段。

3. 香菇洗净去蒂，每个切 4 瓣；红枣洗净、去核。

4. 砂罐（或汤锅）中添水 1 200 毫升，放入猪尾，大火烧开，转小火慢炖 30 分钟。

5. 加入香菇瓣、红枣，继续用微火炖 1 小时。

6. 关火前加盐调味即可。

黑豆猪尾汤

原料：猪尾 400 克，黑豆 200 克，红枣（或黑枣）50 克，枸杞 15 克，盐适量。

🍲 制作：

1. 将猪尾刮洗干净，斩成 2～3 厘米段，入沸水锅汆烫，捞出洗净沥干。

2. 黑豆挑出杂质，用凉水泡 4 小时，洗净沥水。

3. 红枣（或黑枣）、枸杞洗净，红枣去核。

4. 汤锅添适量水，放入黑豆、红枣（或黑枣）烧开，小火炖半小时。

5. 加入猪尾段，小火再炖 1.5 小时，至猪尾酥烂，加盐调味即成。

栗子红枣猪尾汤

原料：猪尾 500 克，栗子肉 300 克，红枣、姜、盐各适量。

制作：

1. 栗子肉用开水烫一下，除去栗肉内衣。

2. 将猪尾刮洗干净斩段，入滚水锅氽烫，捞出洗净沥干。

3. 红枣洗净去核。

4. 砂锅放入猪尾、栗子肉、去核红枣、几片生姜，添入适量水烧开，小火煲 1.5 小时，关火前加盐调味即可。

茶树菇猪尾汤

原料：猪尾 150 克，茶树菇 50 克，生姜、盐、料酒、鸡精、白糖适量。

制作：

1. 将茶树菇用凉水浸泡 10 分钟，至软后切除根部洗净。

2. 将猪尾刮洗干净、斩段，入沸水锅氽烫，捞出洗净沥干。

3. 取压力锅添热水，放入猪尾，加料酒 15 毫升、生姜 2 片、盐、糖，煮沸后盖盖加阀焖 20 分钟。

4. 关火泄压后揭盖，把泡好的茶树菇放入锅中，盖上锅盖不加阀煮约 10 分钟，出锅前加盐、鸡精调味即可。

猪尾凤爪香菇汤

原料：猪尾 300 克，凤爪（鸡爪）150 克，香菇 3 朵，盐少许。

制作：

1. 香菇泡软洗净，每个切为两半。

2. 将鸡爪洗净剪掉趾甲，放入加姜片的沸水锅中略煮片刻，捞出冲净，对切。

3. 将猪尾刮洗干净斩段，入沸水锅余烫，捞出洗净沥干。

4. 汤煲放入猪尾、鸡爪、香菇瓣，添入适量清水大火烧开，转小火慢煲 1.5 小时，加少许盐调味即成。

木 瓜 煲 猪 尾

原料：猪尾 500 克，木瓜 300 克，花生米 100 克，姜片、盐、鸡粉、胡椒粉各适量。

 制作：

1. 花生米洗净后用清水浸泡 30 分钟。

2. 木瓜去皮后剖开去籽，切成厚块。

3. 猪尾刮洗净、斩段，放入沸水锅中焯 5 分钟，捞起沥干。

4. 汤煲内添入清水，下入木瓜、猪尾、花生、姜片，大火烧开，转小火煲 1.5 小时，关火前加盐、鸡粉、胡椒粉调味即可。

猪 肝 汤

原料：猪肝、猪瘦肉各 200 克，食油、姜丝、盐适量。

 制作：

1. 猪肝和瘦肉洗净，切片、入锅，倒入适量凉水后加入食油、姜丝，浸泡 20 分钟。

2. 将锅置灶上大火加热，水开后撇净浮沫，转慢火煲 20 分钟。

3. 开盖充分搅拌几遍，避免猪肝糊锅。

4. 加适量盐调味即可。

猪 肝 菠 菜 汤

原料：猪肝 200 克，菠菜 250 克，生姜、料酒、酱油、小苏打、食油、淀粉、盐、胡椒粉各适量。

 制作：

1. 将猪肝用流水冲洗，挑去白筋，在凉水中浸泡 30 分钟。

2. 将猪肝切成薄片，加料酒、酱油、淀粉拌匀腌 10 分钟，然后下入沸水锅中汆烫，捞出沥干。

3. 菠菜洗净，在加有少许小苏打的沸水中烫一下，捞出过凉，沥干切段。

4. 葱姜洗净，葱切段，姜拍破。

5. 锅内添入高汤烧开，放葱、姜、食油同煮1～2分钟，加入焯过水的猪肝片煮5分钟。

6. 将焯水的菠菜段入锅，加盐、味精、胡椒粉调味后立即关火即成。

番茄猪肝汤

原料： 猪肝 150 克，番茄 2 个，金针菇 100 克，木耳 75 克，番茄酱 75 克，生粉、大葱、生姜、食用油、盐、白胡椒粉各适量。

🍲 **制作：**

1. 用餐叉扎着番茄底部放在燃气灶上烤裂、剥皮（或用开水浇烫剥皮），把去皮的番茄冲洗一下，切成小丁。

2. 猪肝泡水 30 分钟，捞起剔除白筋，冲洗干净后切成小块，加入料酒、生抽、白胡椒粉、盐和生粉，搅拌均匀后腌制 5 分钟。

3. 金针菇择洗干净，切 5 厘米长段；木耳泡发后去蒂洗净，切宽条；葱、姜洗净切末。

4. 炒锅注油烧热，依次下姜末、葱末煸炒出香味，放入番茄丁翻炒，加入番茄酱继续炒，添适量水熬成浓稠的红色汤汁。

5. 加入金针菇、木耳丝，用中火煮 5 分钟。

6. 下入腌好的猪肝块，煮开后加盐、胡椒粉调味即成。

7. 盛碗后撒少许葱末。

黑木耳猪肝汤

原料：猪肝 300 克，黑木耳 25 克，生姜 1 片，红枣 2 粒，盐少许。

 制作：

1. 将黑木耳用清水透发洗净。

2. 猪肝、生姜、红枣分别洗净，猪肝切片，生姜刮皮，红枣去核。

3. 锅内添适量清水，大火烧开，放入黑木耳、生姜和红枣，中火煲半小时，加入猪肝，至猪肝熟透，加盐调味即可。

番茄玉米猪肝汤

原料：猪肝 200 克，番茄 2 个，玉米 1 根，姜 1 小块，白醋 15 毫升，料酒 5 毫升，淀粉、盐各 5 克，香油 2 毫升。

 制作：

1. 去除猪肝表面的筋膜，洗净后切成薄片，放入掺有白醋的清水中浸泡 20 分钟。

2. 将猪肝冲洗几遍沥干，放入碗中，加料酒、盐、淀粉抓匀，腌制 10 分钟。

3. 番茄洗净，切大块；姜去皮切丝；玉米洗净，改刀截成小段。

4. 锅中放入玉米、姜丝、适量清水和 1/2 的番茄块，大火煮开后转小火煮 10 分钟，再倒入剩余的 1/2 番茄块，加入剩余的盐。

5. 将锅中各种食材充分搅匀后，改大火，滑入猪肝煮沸，至猪肝变色关火，装碗后淋入香油即可。

金针菇番茄猪肝汤

原料：猪肝 100 克，金针菇 100 克，番茄 1 个，香油、姜丝、盐、豆粉、料酒、鸡精、香菜叶各适量。

 制作：

1. 猪肝去除白筋，洗净切片，用豆粉、料酒、姜丝、盐码味上浆几分钟，再入开水锅稍煮，见猪肝上的豆粉凝固，立即捞出。

2. 金针菇摘洗干净，切长段；番茄开水烫后剥皮、切成块。

3. 锅里添适量水，淋入香油，将番茄、金针菇下锅烧开 3 分钟，放猪肝再煮沸 1 分钟，加盐、鸡精调味，撒上香菜叶即可。

番茄猪肝浓汤

原料：番茄 300 克，猪肝 150 克，食油 30 毫升，料酒 15 毫升，白糖 15 克，姜丝、葱段、淀粉、盐、鸡精各适量。

制作：

1. 将番茄洗净去蒂，放在开水中泡 2 分钟去皮，切成小块。

2. 将猪肝用流水冲洗干净，再用清水浸泡 30 分钟，捞起切薄片，再用流水冲净，沥干后加料酒、姜丝、葱段、少许淀粉拌匀后腌制片刻。

3. 锅烧热油，放入葱花、姜丝爆香，加入番茄块，翻炒几下后加入白糖，反复煸炒至出沙起糊。

4. 添入适量水，盖盖煮开，转小火炖约 20 分钟，煮成色泽浓郁的番茄浓汤。

5. 加盐、鸡精调味，开大火，下入腌好的猪肝片，见猪肝片变白立即关火，撒入葱花即可。

鲜蘑猪肝汤

原料：猪肝 150 克，鲜蘑 100 克，鸡蛋 1 个，小葱 1 棵，盐、鸡精少许。

🍲 **制作：**

1. 鲜蘑摘除根蒂杂质洗净，掰成小块；小葱洗净、切成末，鸡蛋磕入碗中搅成蛋液。

2. 猪肝去除白筋洗净切片，用凉水浸泡后冲洗，控净血水。

3. 汤锅添入适量清水烧开，放入鲜蘑，用中火煮 5 分钟。

4. 再放入猪肝中火煮，撇除浮沫，见猪肝变色后加盐调味。

5. 让汤面保持微沸，倒入蛋液并用筷子快速搅散成蛋花。

6. 撒入少许葱花即可。

银耳猪肝汤

原料：猪肝 50 克，小白菜 50 克，银耳 10 克，蛋液 1/2 个，酱油、生粉、姜、葱、素油、盐各适量。

制作：

1. 银耳放入约 40℃ 温水中泡发好，去蒂洗净、撕成瓣状。

2. 猪肝用流水冲洗后切片，置于凉水中浸泡 20 分钟，沥出血水。

3. 小白菜掰开洗净，切 3 厘米长段；姜切片，葱切段。

4. 将猪肝放碗里，加入生粉、盐、酱油、蛋液，搅拌均匀上浆。

5. 炒锅注油烧至六成热，下入姜、葱爆香，添适量清水烧沸，下入银耳、猪肝，煮 3～5 分钟即可。

猪 肝 蛤 蜊 汤

原料： 鲜猪肝 250 克，胡萝卜 100 克，鲜蘑菇 50 克，蛤蜊 150 克，小葱、鲍鱼汁、香油各少许。

制作：

1. 锅里添大半锅清水，下入冲洗干净的蛤蜊煮至开口关火，用刀器取出蛤蜊肉，将煮蛤蜊汤倒出静置备用。

2. 将猪肝用流水冲净血水，挑出白筋，洗净切片，置于凉水中浸泡、揉搓、换水，反复操作几遍。

3. 胡萝卜去皮、洗净、切片，鲜蘑菇洗净撕成块；小葱洗净切成葱花。

4. 另起锅，倒入沉淀清的蛤蜊汤烧开，依次放入蘑菇、猪肝煮 3 分钟，加入蛤蜊肉、胡萝卜片，烧开后撒上葱花，淋上鲍鱼汁、香油即可。

土豆洋葱牛肉汤

原料：牛肉 300 克，土豆 100 克，洋葱、胡萝卜各 50 克，盐、味精各适量。

制作：

1. 牛肉去除筋膜、血污和油脂洗净，切成 2 厘米见方的块，焯水沥干。

2. 土豆、胡萝卜去皮洗净，切滚刀块；洋葱去根须老皮，洗净切片。

3. 炖锅添适量水，下入牛肉、洋葱、胡萝卜，大火烧开，改小火炖 2 小时。

4. 加入土豆块、盐、味精，再煮 30 分钟即可。

豆仁牛肉汤

原料：牛肉 200 克，青豆仁 50 克，香菜末 20 克，蛋清 1 个，高汤 600 毫升，淀粉 15 克，盐 3 克，糖 2 克，乌醋 5 毫升。

制作：

1. 牛肉剔除筋膜，洗净切成肉碎，氽过备用。

2. 锅内添高汤烧沸，加入牛肉碎、青豆仁、盐、糖，中火煮开。

3. 转小火，用淀粉勾芡，淋入打散的蛋清和乌醋，撒入香菜末即可。

牛 肉 清 汤

 制作：

1. 将牛肉洗净，整块放入锅里，添水淹没牛肉。

2. 大火烧开后煮 3 分钟，捞出牛肉洗净浮沫。

3. 将整块牛肉放入高压锅里，添入足量清水。

4. 加入葱段、姜片、香叶、陈皮、料酒，大火煮开上气后加阀，小火焖半小时关火。

5. 将牛肉取出，捞去汤里的葱段、姜片、香叶、陈皮，即是原味牛肉清汤。

6. 食用时取适量肉汤加盐调味，适当加热；牛肉切片配蘸碟食用。

胡椒牛肉汤

原料： 牛肉 300 克，胡椒粒 30 克，去皮姜片 50 克，牛骨高汤 3 000 毫升，盐 6 克，米酒 15 毫升。

 制作：

1. 牛肉入沸水锅中汆烫，捞出冲净，沥干水分后放牛骨高汤中煮 30 分钟，捞出晾凉后切成厚块备用。

2. 取砂锅，用姜片垫底，码放牛肉块，倒牛骨高汤，加米酒和胡椒粒，大火煮开，转小火炖 1.5 小时。

3. 加盐调味后再炖半小时即可。

牛 骨 肉 汤

原料：牛骨棒 100 克，牛肉（肥瘦）200 克，胡萝卜 150 克，土豆（黄皮）100 克，番茄 200 克，水发黄豆 50 克，姜 10 克，盐 5 克。

制作：

1. 牛骨洗净、斩断，牛肉洗净、切丁。

2. 土豆、胡萝卜去皮洗净切块，西红柿洗净切块，姜切片。

3. 姜片、牛骨、牛肉和黄豆放入汤锅内，添适量水大火煮开，撇去浮沫，改小火煮 1 小时。

4. 加入胡萝卜、西红柿，煮至汤浓，加盐调味即可。

萝卜西芹牛肉汤

原料：牛腱肉 300 克，白萝卜 150 克，胡萝卜 100 克，西芹 200 克，葱 2 根，生姜 5 片，酒 15 毫升，盐 5 克，高汤 1 200 毫升。

制作：

1. 牛腱肉洗净，逆纹切 2 厘米厚片，入沸水锅中氽烫捞出，用凉水冲洗净污沫。

2. 白萝卜、胡萝卜洗净去皮，切滚刀块；西芹去根、叶洗净斜刀切段；葱切段，姜切片。

3. 取砂锅，放入牛肉、葱、姜、酒、盐，添高汤煮沸，盖盖炖1小时。

4. 加入胡萝卜、白萝卜，继续煮30分钟，再加入西芹煮片刻即可。

番薯肥牛汤（微波炉煲制）

原料：肥牛片100克，胡萝卜、番薯各1/2个，洋葱1/4个，香菜1棵，蒜1瓣，姜1小块，牛肉高汤1 000毫升，盐、黑胡椒粉适量。

 制作：

1. 胡萝卜、番薯去皮切丁，洋葱去根须老皮切丁，姜、蒜切末，香菜切段。

2. 将肥牛片洗净，放入料理盒加入足量开水，盖上盒盖置于微波炉中，以700W微波火力加热1分钟，取出肥牛片过冷水，洗去浮沫备用。

3. 料理盒中淋入少许橄榄油，放入洋葱丁，以700W微波火力加热1分钟。

4. 开盖，放入姜末、蒜末，以700W微波火力加热30秒，再开盖放入胡萝卜、番薯丁。

5. 牛肉高汤加热至沸腾，倒入料理盒（没过食材但不超水位线），盖上盖以700W微波火力加热5分钟。

6. 开盖放入处理好的肥牛片，稍稍翻拌几下，再加入盐、黑胡椒粉拌匀，700W微波火力最后加热2分钟。

7. 装碗，撒入香菜段即可。

咖喱牛肉粉丝汤

原料：牛肉 500 克，粉丝 100 克，牛骨高汤 500 毫升，葱花、香菜叶、咖喱粉适量。

制作：

1. 牛肉洗净、切片，放入沸水锅中汆一下，捞出备用。
2. 咖喱粉加清水调成咖喱汁。
3. 粉丝放入锅中，加少量清水煮至八成熟。
4. 锅中添入牛骨高汤，放入牛肉片煮至熟透。
5. 加入咖喱汁煮至入味，撒上葱花、香菜叶即可。

辣白菜牛肉汤

原料：辣白菜 250 克，酱牛肉 150 克，粉条 100 克，葱花、姜末、香油、鸡精、胡椒粉、盐各适量。

制作：

1. 酱牛肉逆纹切成薄片，辣白菜改刀。
2. 粉条放入开水锅中煮软，捞出浸泡在凉水中。
3. 汤锅添适量水，下入粉条煮至八成熟，放入辣白菜块，并加入适量腌辣白菜的汤，煮 5 分钟。
4. 加入酱牛肉片、葱花、姜末，再煮 5 分钟。
5. 最后加入盐、鸡精、胡椒粉调味，淋香油即可。

蹄 筋 牛 肚 汤

原料：牛蹄筋 200 克，牛肚 100 克，边筋肉 150 克，姜片、葱花各 10 克，盐适量。

 制作：

1. 将牛蹄筋、边筋肉焯烫后切块；牛肚洗净，焯烫后切片。

2. 锅中倒入适量水，放入牛蹄筋、边筋肉、牛肚、姜片、葱花，大火煮开后转小火炖约 1 小时，加盐调味即可。

麻 辣 牛 杂 汤

原料：牛肠、牛肚、牛心各 100 克，辣豆瓣酱、姜末、葱段、花椒粒、高汤、辣椒粉、胡椒粉、花椒油、盐、鸡精、香菜段、植物油各适量。

制作：

1. 牛肠、牛肚、牛心分别洗净，一起焯水，捞出晾凉。

2. 牛肠切段，牛肚切块，牛心切片。

3. 炒锅注油烧至四成热，放入辣豆瓣酱、姜末、花椒粒炒香，加高汤、牛肠、牛肚、牛心、葱段、辣椒粉、胡椒粉、花椒油、盐，大火烧沸。

4. 盖盖炖熟，加鸡精调味，撒入香菜段即可。

牛蒡萝卜牛筋汤

原料： 牛筋肉 300 克，牛蒡 100 克，白萝卜 1 根（约 300 克），白豆腐 1 块（约 200 克），枸杞 15 克，生姜 1 块，盐适量。

制作：

1. 牛筋肉洗净，切小块，白萝卜去皮切滚刀块，生姜切片，牛蒡切斜段，豆腐厚片。

2. 将牛筋肉放入锅中，添入适量清水（没过肉），烧开片刻捞出，冲去血沫。

3. 把牛筋肉、白萝卜、牛蒡、生姜放入锅中，添入 1 500 毫升清水，大火煮开，转小火煮 90 分钟，加入豆腐、枸杞和盐，汤再烧开即可。

韩式牛肉汤

原料： 牛肉 450 克，红薯粉条 100 克，蕨菜干 1 袋，泡菜少许，洋葱片 15 克，鸡蛋黄 1 个，黑胡椒粒 3 克，姜片 5 克，姜末、蒜末各 10 克，酱油 10 毫升，辣椒酱 15 克，辣椒粉、牛肉粉、蒜片各 5 克，胡椒粉 2 克，盐 3 克，芝麻油 5 毫升。

制作：

1. 将牛肉洗净，整块下入凉水锅中，大火煮沸后撇除浮沫，加黑胡椒粒、洋葱片、姜块、蒜片，小火慢煲 1.5 小时后，将牛肉捞出晾凉，汤滤除调料留用。

2. 熟牛肉顺纹理撕成丝，加姜末、蒜末、酱油腌制备用。

3. 将蕨菜干泡发、洗净、切段，红薯粉条用热水泡软，泡菜切块。

4. 锅内放入煮肉汤、蕨菜干段、红薯粉条、泡菜，加入姜末、蒜末、牛肉粉、辣椒酱、酱油，旺火煮沸，转小火炖 15 分钟，至蕨菜、粉条熟烂。

5. 将熟牛肉丝和腌制料汁一并加入汤里煮开，再将蛋黄液淋入锅中（相当于勾芡），撒入辣椒粉、胡椒粉、芝麻油即可。

韩式酸辣牛肉羹

原料：牛肉羹 150 克，鲜笋、韩式泡菜（切碎）、扁鱼干、蒜末、葱段、生粉、香油、辣椒酱各适量。

制作：

1. 锅中添适量水烧开，将牛肉羹一条条放入锅中汆烫一下，捞起备用。

2. 起油锅爆香蒜末，下入切碎的扁鱼干，煸出鱼香味道，再下入鲜笋丝翻炒，加酱油及适量水。

3. 水开后放入韩式泡菜、牛肉羹同煮，加盐调味，用生粉勾芡。

4. 起锅前加入葱段、香油、辣椒酱即可。

牛 尾 火 腿 汤

原料：牛尾 1 条，番茄 500克，土豆 300 克，鸡蛋 2 个，金华火腿 50 克，生姜 3 片，盐少许。

制作：

1. 牛尾斩段，放入开水锅中煮 10 分钟，捞起洗净。

2. 番茄去皮切大块，土豆去皮洗净切厚片。

3. 鸡蛋煮熟，去壳切片，金华火腿洗净切粒。

4. 瓦煲内添入适量清水，放入牛尾、火腿丁、生姜，大火烧开，转小火煲 2 个小时，加入土豆片，煲 10 分钟再放入番茄、鸡蛋，煲 20 分钟，加盐调味即可。

洋葱豆芽牛肉汤

> **原料：** 牛肉 150 克，洋葱 50 克，绿豆芽 100 克，猪骨高汤 500 毫升，指天椒 5 只，红椒 2 只，柠檬 1 只；腌肉料：生粉 10 克，鲜味酱油 10 毫升，食油 5 毫升，蛋清液 10 毫升，清水 30 毫升；调味料：油 30 毫升，鱼露 20 毫升，鸡粉 2 克。

制作：

1. 牛肉洗净后用刀背拍松，逆着纹理切薄片，加入腌肉料抓匀，腌制 15 分钟。

2. 洋葱洗净切成片，豆芽去根洗净沥干。

3. 柠檬切半，挤出柠檬汁留用；指天椒和红椒洗净，分别切成辣椒圈。

4. 炒锅注油烧热，炒香洋葱片、指天椒和红椒圈，倒入猪骨高汤中火煮沸。

5. 加入鱼露、鸡粉调味，下入牛肉片搅散。

6. 煮至牛肉片变色，放入绿豆芽拌匀、煮沸。

7. 淋入柠檬汁快速搅匀即可。

牛筋牛肉汤

原料：牛肉片 300 克，熟牛筋 200 克，洋葱 50 克，豆芽菜 150 克，柠檬 1 颗，辣椒 2 根，鱼露、糖、胡椒粉、料酒少许。

 制作：

1. 牛肉洗净切成大片，加入少许料酒拌匀，腌制 15 分钟。

2. 熟牛筋切大块，洋葱切丝，柠檬切为 4 瓣，辣椒切丁。

3. 锅中添水烧开，先放入熟牛筋和洋葱煮片刻，加入鱼露、糖、胡椒粉、豆芽菜和牛肉片稍煮，至牛肉变色后盛入碗中，再加入辣椒和柠檬片即可。

西式牛肉汤

原料：牛腱肉 300 克，洋葱半个，土豆 150 克，番茄 100 克，奶油 50 克，牛骨汤 1 000 毫升，红椒粉 30 克，月桂叶 1 片，盐 10 克，蒜末 10 克，面糊 20 毫升。

制作：

1. 将牛腱洗净切小块，洋葱、土豆去皮洗净切小块，番茄用沸水浇烫去皮切小块。

2. 将奶油放入锅中烧融，下入蒜末旺火略炒，加入洋葱、番茄炒出红汁，随后加入牛腱肉用中火翻炒 5 分钟。

3. 倒入牛骨汤，加入月桂叶、红椒粉煮沸，盖盖，改微火煮 1

小时，加盐调味，最后徐徐淋入面糊（边加边搅动），煮至浓稠即可。

希腊风味牛肉汤

原料：牛里脊肉 500 克，红甜椒、土豆、洋葱各 1 个，西芹 2 根，大蒜 30 克，橄榄油、红葡萄酒各 25 毫升，高汤 750 毫升，巴西里末少许，红椒粉 15 克，咖哩粉、盐、胡椒粉各少许。

制作：

1. 将牛里脊肉洗净切成丁；土豆、洋葱去皮，和红甜椒一同洗净，切成厚片；西芹去叶洗净，切成 2 厘米长段；大蒜拍扁切几刀。

2. 炒锅注入橄榄油烧热，下蒜瓣、洋葱爆香，放入牛肉丁炒至肉干，淋入红葡萄酒，加入高汤、红椒粉、咖哩粉及适量水煮开。

3. 转小火煮 1 小时，加入西芹续煮 10 分钟。

4. 最后加盐和胡椒粉调味，盛入汤盘，撒上巴西里末即可。

牛肉罗宋汤

原料：牛肉 150 克，西红柿、圆白菜、土豆、胡萝卜各 50 克，洋葱、芹菜、豌豆荚、玉米笋各 25 克，盐少许。

制作：

1. 牛肉洗净切块。

2. 西红柿、圆白菜、土豆、胡萝卜、洋葱、芹菜、豌豆荚和玉米笋洗净，切成大小均一的块。

3. 锅内添入清水烧开，放入牛肉块，煮至八分熟时加入西红柿、土豆、胡萝卜、洋葱、豌豆荚和玉米笋，中火煮 30 分钟，至食材熟软，再放入圆白菜、芹菜煮 5 分钟，加盐调味即可。

蘑菇牛肉汤

原料：鲜蘑菇 100 克，大葱 1 棵，橄榄油 15 毫升，干雪利酒 100 毫升，牛肉汤 500 毫升，现磨黑胡椒 5 克。

制作：

1. 蘑菇洗净切片，大葱切细丝。

2. 炒锅注入橄榄油烧热，下入蘑菇和大葱，炒至变软，加雪利酒煮片刻。

3. 再加入牛肉汤、黑胡椒粉和适量水，中火煮沸 5 分钟即成。

牛肉豆腐汤（1）

原料：牛里脊肉、豆腐各 200 克，豆苗适量，干淀粉、料酒、盐、味精各少许。

制作：

1. 牛里脊肉洗净切成片，豆腐切条，入沸水锅中汆烫后捞出；豆苗洗净。

2. 将牛里脊肉片用盐、料酒、干淀粉抓匀，再加少许食用油拌匀，冷藏约 2 小时。

3. 锅内添水大火烧开，放入牛里脊肉片余烫后捞出。

4. 另锅添适量水，加盐、味精调味，下入豆腐条、牛里脊肉片烧沸，起锅装入汤碗中，撒入豆苗点缀即成。

牛肉豆腐汤（2）

原料： 牛肉 400 克，豆腐 250 克，西红柿 100 克，柠檬半个，食用油 15 毫升，高汤 750 毫升，盐、料酒、葱、姜、香醋、白胡椒粉、鸡精各适量。

制作：

1. 将牛肉、豆腐切成 1 厘米见方的块，分别下入沸水锅中焯烫一下，捞出沥水备用。

2. 西红柿去皮切块，葱切段，姜切片。

3. 油锅烧热，下入葱、姜煸炒出香味，放入牛肉稍煸，添入高汤大火烧开，改小火炖 1 小时。

4. 加入西红柿、豆腐、料酒、盐、香醋、白胡椒粉、鸡精，微火煮 3～5 分钟。

5. 关火前挤入数滴柠檬汁即可。

肥牛金针番茄汤

原料： 肥牛片 400 克，金针菇 200 克，番茄 1 个，八角 1 粒，姜 4 片，枸杞子少许，盐、鸡精、胡椒粉、葱段、葱末、香菜末各适量，高汤 1 000 毫升。

制作：

1. 金针菇去根洗净，番茄烫软剥皮后切块。

2. 高汤倒入锅中，放入肥牛片烧开，撇去浮沫。

3. 加入八角、姜片、葱段、枸杞、金针菇到锅中，与肥牛同煮 15 分钟。

4. 放入番茄块再煮 5 分钟，加盐、鸡精调味。

5. 出锅后撒上葱末、香菜末、胡椒粉即可。

酸汤金针肥牛

原料： 肥牛片 500 克，金针菇 300 克，绿豆粉丝 50 克，泡野山椒 5 只，油 30 毫升，白醋 10 毫升，盐适量，泡姜 1 小块，小葱 1 把，蒜 3 瓣，鸡蛋 1 只，淀粉 2 克。

制作：

1. 金针菇去根洗净，绿豆粉丝泡软，泡椒、泡姜剁碎，小葱切段，蒜瓣洗净拍扁。

2. 肥牛片加蛋清、盐、干淀粉抓匀上浆。

3. 锅内注油烧热，将搅打碎的鸡蛋倒入煎炒成熟，再下泡姜碎、泡椒碎、蒜瓣炒香，添适量水烧开，转小火熬 20 分钟至汤色乳白。

4. 将熬好的汤用漏匙滤去泡椒、泡姜等，将清汤倒回锅中，加入盐和白醋调味，下入金针菇、粉丝、肥牛片烧开，稍煮关火。

5. 撒上小葱段即可。

木耳青瓜牛肉汤

原料：牛腱子肉 300 克，水发黑木耳 25 克，青瓜 1 条，姜 5 克，生抽 15 毫升，淀粉 10 克，麻油 5 毫升，盐适量。

 制作：

1. 牛肉洗净，逆纹切成薄片，加生抽、淀粉和麻油搅拌均匀，腌制备用。

2. 木耳去蒂洗净，撕成片。

3. 青瓜洗净，刮去表面的疙瘩，切成滚刀块。

4. 锅内添水烧开，放入木耳、青瓜和姜片同煮 15 分钟，加入腌好的牛肉，煮至牛肉熟透，加盐调味即可。

洋葱蘑菇牛肉汤

原料：牛肉 500 克，洋葱 250 克，鲜蘑菇 6 朵，黑胡椒粉、黑胡椒碎各适量，番茄酱 50 克，盐 5 克，料酒 20 毫升，橄榄油少许。

 制作：

1. 牛肉整块洗净，入开水锅里小火煮沸 2 分钟，捞出冲去浮沫并切除肥油，切成 1 厘米见方小块。

2. 洋葱去老皮，顺纹理切丝；鲜蘑菇洗净泥沙杂质，切十字刀成小块。

3. 炒锅注橄榄油烧热，放入洋葱丝爆香，再放入蘑菇块稍炒。

4. 将炒过的洋葱丝、蘑菇块连同牛肉块倒入电高压锅内，加入黑胡椒粉、黑胡椒碎、番茄酱、料酒和适量水，用汤匙搅拌均匀，选择"牛肉/浓郁"键启动。

5. 煮好后加盐调味即可。

南 瓜 牛 肉 汤

原料： 牛肉 300 克，南瓜 200 克，牛肉汤 1 000 毫升，葱花、姜丝、味精、胡椒粉各适量。

制作：

1. 南瓜去皮，切成 1.5 厘米见方块。

2. 牛肉切成 1 厘米见方块，放入沸水锅中焯烫捞出，漂净浮沫。

3. 将牛肉汤倒入锅里，放入牛肉、南瓜、姜丝、葱花，煮熟后加胡椒粉和盐调味即可。

海 带 牛 肉 汤

原料： 海带 250 克，牛肉 200 克，胡萝卜 100 克，香油、葱蒜末、盐、鸡精各适量。

制作：

1. 海带洗净切小段，牛肉洗净切薄片，胡萝卜洗净去皮切菱形片。

2. 锅内注香油烧热，放入葱蒜末炒香，再放入牛肉片，炒至牛肉变色。

3. 添入清水大火烧开，下海带，转小火煮5分钟。

4. 加入胡萝卜片略煮。

5. 加入盐、鸡精调味即可。

酸辣菠萝牛肉汤

原料：牛肉300克，菠萝肉250克，米醋100毫升，鲜汤750毫升，精盐、辣椒粉、麻辣油、味精、胡椒粉、白糖、蒜蓉、生姜汁各适量。

制作：

1. 将牛肉洗净后剁成末，放入碗内，加少许冷水调成糊状。

2. 将菠萝切成干黄豆大小的颗粒。

3. 汤锅添入鲜汤烧开，放入牛肉末，用汤匙迅速搅匀，再烧开后撇去浮沫。

4. 加入菠萝粒及米醋、精盐、辣椒粉、麻辣油、味精、胡椒粉、白糖、蒜蓉、生姜汁，稍煮即可。

花雕牛腩萝卜锅

原料：牛腩500克，红萝卜300克，葱20克，姜10克，花雕酒15克，枸杞15克，盐、鸡精各适量。

制作：

1. 将牛腩洗净，切成长条，下入冷水锅中，大火煮开后，转中火煮 5 分钟，将牛肉捞出，用温水洗净浮沫，切成麻将大小的方块。

2. 红萝卜洗净去皮，切成滚刀块。

3. 砂锅中添入多半锅水，放入牛腩、葱段、姜片、花雕酒，大火煮开后转小火，盖盖煮约 1.5 小时。

5. 加入萝卜块，继续煮约 30 分钟。

6. 加入枸杞，继续煮约 15 分钟，煮至牛腩、萝卜均熟透，撒入盐、鸡精调味即可。

四宝牛肉汤

原料：牛肉 300 克，土豆 200 克，胡萝卜 150 克，西红柿 100 克，洋葱 50 克，盐适量。

制作：

1. 牛肉洗净，切骨牌块，焯水后捞出沥水。

2. 土豆、胡萝卜去皮洗净，切成滚刀块；西红柿烫软去皮，切 1 厘米见方块，洋葱剥去老皮洗净，切成 8 瓣后抖散。

3. 汤煲中添 750 毫升水，放入牛肉块、土豆块、胡萝卜块、西红柿块，大火烧开后转小火，慢煲 2 小时再放入洋葱块，再煲片刻加盐调味即可。

白萝卜苹果牛肉汤

原料：牛肉 400 克，白萝卜 300 克，苹果 2 个，蜜枣 2 粒，陈皮 1 小块，盐适量。

🍲 **制作：**

1. 白萝卜洗净去皮层，切成滚刀块。

2. 苹果洗净，去皮去核，每个切 4 瓣；陈皮用水泡软，刮去白瓤。

3. 牛肉洗净切块，氽水捞起冲净。

4. 汤锅煮沸清水，放入牛肉、白萝卜、苹果、蜜枣、陈皮，大火煮沸 20 分钟，转小火煲 1.5 小时，加盐调味即成。

土豆玉米牛肉汤

> **原料：** 熟牛肉 200 克，土豆 100 克，鲜玉米棒 1/2 穗（60～70 克），花生油 25 克，姜丝、葱花、香油、鸡精、精盐少许。

🍲 **制作：**

1. 将熟牛肉切丁，土豆去皮洗净切适中块，玉米棒洗净切 2 厘米长段。

2. 炒锅注油烧热，将姜丝煸香后添水，调入精盐、鸡精，下入牛肉丁、土豆块、玉米棒段，大火烧开后转中小火煲制。

3. 烧至土豆、玉米棒熟，淋入香油，撒上葱花即可。

西红柿牛肉汤

> **原料：** 牛肉 400 克，番茄黄豆罐头 1/2 罐，西红柿 2 个，洋葱 1 个，番茄酱 150 克，盐少许。

制作：

1. 牛肉切骨牌块，汆水后冲净；洋葱、西红柿切块。

2. 净锅内倒入番茄黄豆，放入牛肉、洋葱、西红柿块，淋入番茄酱。

3. 锅内一次添足热水，大火烧开10分钟，转小火煲50分钟，加盐调味即可。

番茄牛肉粉丝汤

原料： 牛腱肉400克，番茄3个，粉丝1把，香菜2棵，白胡椒粉、油、盐各适量，生姜1块。

 制作：

1. 牛肉切成厚件，与姜片一同放冷水锅中，煮开后捞出，冲净血沫。

2. 番茄烫软，剥皮后切块；粉丝用水泡软，香菜洗净切段。

3. 把牛肉、姜片和番茄块一起放电压力锅内，添适量水，启动"炖汤"程序。

4. "炖汤"程序结束后，把压力锅中的牛肉、汤汁一并倒入汤锅，大火煮开后放入泡软的粉丝炖片刻。

5. 至粉丝软烂，加盐调味，撒入香菜段、白胡椒粉即可。

土豆番茄牛腩汤

原料： 牛腩400克，土豆、番茄、胡萝卜各150克，姜、葱、盐、生抽、料酒、胡椒粉、香菜各适量。

制作：

1. 牛肉先用冷水浸泡去除血水，洗净后切块，焯烫后捞出冲净。

2. 土豆、胡萝卜去皮洗净切块，番茄烫软剥皮切块，姜去皮切片，葱洗净切段。

3. 砂锅添适量清水，放入牛肉块、姜片、葱段，加少许料酒、生抽，大火煮沸转小火慢炖 1.5 小时。

4. 再放入土豆、胡萝卜块，放入一半的番茄块，继续煮 30 分钟。

5. 最后放入留下的一半番茄块，再煮 10 分钟，加盐、胡椒粉调味，撒香菜段即可。

西红柿牛腩汤

原料： 新鲜牛腩（牛腹肉或牛肋处的软肉）400 克，西红柿 3 个，桂皮、八角、花椒、盐、葱花、花生油、白醋各适量。

 制作：

1. 将新鲜牛腩洗净，切成中块或稍小的块；西红柿切厚片。

2. 砂锅内添适量清水，下牛腩大火烧开后，淋入白醋，加入适量盐、桂皮、八角和花椒，转中小火继续烧 50 分钟。

3. 炒锅注油烧至七八成热，放入西红柿片翻炒 2～3 分钟，将炒好的西红柿片和汤汁一并倒入砂锅内，中小火煲 10 分钟。

4. 撒入葱花即可。

酸 辣 牛 肉 汤

> 原料：熟牛肉 300 克，葱头 3 个，小辣椒 3 根，柠檬 1 个，番茄 2 个，香茅 3 根，牛骨高汤 3 000 毫升，泰式酸辣酱 30 克，盐 3 克，糖 20 克，植物油适量。

制作：

1. 将熟牛肉切成小块，葱头去皮切碎，小辣椒去蒂洗净，柠檬榨汁，番茄烫软去皮切块，香茅洗净切段。

2. 炒锅注油烧热，放入葱碎煸炒 1 分钟，再放入熟牛肉块小火翻炒 3 分钟，加入牛骨高汤、小辣椒、香茅段、番茄块、泰式酸辣酱炒匀。

3. 将炒锅内的食材汤料全部倒入汤锅内，小火煮 30 分钟，加入盐、糖、柠檬汁，稍煮即成。

沙 茶 牛 肉 汤

> 原料：熟牛肉 300 克，姜 50 克，葱头 3 个，牛骨高汤 3 500 毫升，蒜酥 15 克，绍兴酒 15 毫升，蚝油 30 毫升，沙茶酱 75 克，盐、糖各 5 克，色拉油适量。

制作：

1. 将熟牛肉切小块，姜去皮拍碎，葱头去皮切碎。

2. 炒锅注油烧热，放入姜碎、葱碎微炒 1 分钟，再放入熟牛肉块小火翻炒 3 分钟，加入绍兴酒、沙茶酱、蒜酥及牛骨高汤。

3. 将炒锅中的食材汤料倒入汤锅内，小火炖约 1.5 小时，最后加入盐、蚝油和糖调味即可。

苦瓜牛肉汤

> 原料：牛肉 250 克，苦瓜 300 克，清汤 1 000 毫升，姜 4 片，盐、香油适量。

制作：

1. 将牛肉洗净、沥干水分，切成薄片。

2. 苦瓜洗净，剖成两半、去籽，下开水锅中略烫，捞出后放入冷水中浸泡，切成与牛肉片大小相似的片，沥干水分。

3. 锅中添清汤烧开，放入姜片、盐调味，再放入苦瓜片、牛肉片煮熟，滴入香油即可。

粉丝酸菜炖牛肉

> 原料：真空包酸菜 250 克，牛肉 500 克，水发粉条 300 克，白菜叶 3 片，香菜 50 克，高汤 1 000 毫升，辣椒包 1 件，盐、白糖、料酒、生粉、味精、色拉油各适量。

制作：

1. 牛肉洗净，切成筷子般粗细的丝，拌入料酒、生粉、色拉油、盐，腌制 15 分钟。

2. 白菜洗净，竖切成 3 条；香菜洗净、切碎。

3. 炒锅注油烧至六成热，下入牛肉丝，小火翻炒至熟盛出。

4. 炒锅注油烧热，将开包的酸菜改刀下锅，煸炒 3 分钟，加入牛肉翻炒，然后加入高汤、少许糖，大火煮沸。

5. 下入白菜条氽烫一下，捞出铺在汤碗中垫底。

6. 下入粉条煮沸 5 分钟，再放入辣椒包、少许味精，关火，将牛肉、粉条装碗，浇入牛肉汤，最后撒入香菜即成。

花 生 蹄 筋 汤

原料：水发牛蹄筋 200 克，花生仁 100 克，葱、姜、高汤、盐、鸡精、白胡椒粉各适量。

制作：

1. 将水发牛蹄筋切条，放入温水中浸泡；花生仁用温水泡发。

2. 锅中倒入高汤，放入牛蹄筋，大火烧开。

3. 改小火炖 1 小时，加入盐、鸡精和白胡椒粉调味即可。

番 茄 牛 筋 汤

原料：水发牛筋 300 克，番茄 2 个，姜、葱、料酒、盐、鸡精、鲜汤各适量。

制作：

1. 番茄用开水烫一下、去皮，用榨汁机制成汁。

2. 牛筋去掉表面的一层膜，切成适中的条，用姜、葱、料酒腌渍去异味。

3. 锅置于旺火上，倒入鲜汤，下牛筋烧约 20 分钟，再倒入番茄汁。

4. 加盐、鸡精调味，起锅装入汤盆中即成。

小贴士

注意牛筋一定要泡好，去尽异味；番茄汁下锅后烧沸即可起锅，不宜久煮。

西红柿土豆牛尾汤

原料： 牛尾 750 克，胡萝卜 300 克，土豆 400 克，番茄 200 克，洋葱 50 克，姜 5 克，盐、白糖、生抽适量。

制作：

1. 将牛尾刮去毛，洗净斩件；土豆、胡萝卜去皮，切件；番茄、洋葱洗净，切开。

2. 锅内添适量清水烧开，放入牛尾、姜煲 2 小时。

3. 加入胡萝卜，再煲半小时。

4. 然后加入土豆，煲至土豆熟烂，最后加入番茄、洋葱，煲 15 分钟。

5. 将煲好的汤加盐、糖、生抽调味即成。

番茄薯仔牛尾汤

原料： 牛尾 1 条，番茄 300 克，薯仔（土豆）250 克，鸡蛋 2 只，金华火腿 50 克，生姜 3 片，盐少许。

制作：

1. 牛尾刮毛洗净、斩件，放入开水锅中煮约 10 分钟捞起，冲净污沫沥水。

2. 将番茄用开水浇烫至表皮软皱后剥去，切成大块。

3. 土豆去皮洗净，切成厚片，浸泡在清水中（防止氧化变色）。

4. 小锅烧开清水，下入 2 个鸡蛋煮 7～8 分钟，用冷水冲后剥壳，横向切厚片。

5. 金华火腿冲洗干净，切成骰子丁。

6. 瓦煲内添适量清水，放入牛尾、火腿丁、姜片，旺火煮沸，转小火煲 2 小时。

7. 加入土豆片，煮沸转小火煲 5 分钟，再加入番茄块、鸡蛋片煲 20 分钟，加盐调味后即可。

白萝卜牛尾汤

原料： 牛尾 750 克，白萝卜 400 克，盐、料酒各适量。

 制作：

1. 牛尾收拾干净剁成段，用清水泡 6 小时（换 3～4 次水）。

2. 泡好的牛尾冲洗干净，放入开水锅内，淋入少许料酒，煮 5 分钟捞出。

3. 将牛尾沥去水，用温水冲净，放入汤锅内。

4. 加入能没过牛尾的开水，烧开后转小火炖 3 小时。

5. 加入切成块的白萝卜，继续炖 1 小时，加盐调味即可。

牛腩蹄筋汤锅

原料：牛腩肉 750 克，牛蹄筋 400 克，泡姜、泡辣椒、郫县豆瓣各 25 克，干红辣椒 4 个，蒜 5 瓣，花椒 15 克，八角 4 粒，草果 3 个，食油 30 毫升。

制作：

1. 牛腩肉、牛蹄筋洗净，切成适中的长条。

2. 泡姜切片，泡辣椒切段，蒜瓣切两半。

3. 炒锅注油烧至七成热，下入大蒜、泡姜片、泡辣椒段、干红辣椒、郫县豆瓣和花椒，爆香后放入牛腩块、八角、草果，翻炒均匀。

4. 添入适量水（没过肉块至少 2 厘米），大火煮沸后转小火炖 1 小时。

5. 放入牛蹄筋，煮沸后转小火再炖 1 小时，至肉酥烂关火。

6. 食用时，可将炖好的肉、汤盛入电饭煲中，边吃肉、喝汤边加热。

扁豆羊肉汤

原料：净羊肉 500 克，洋葱头 250 克，土豆 300 克，扁豆 400 克，大蒜 25 克，香叶 1 片，茴香籽、辣椒粉少许，面粉 25 克，淡炼乳 100 克，植物油、精盐适量。

制作：

1. 羊肉洗净切成块，洋葱头去老皮切丝，土豆去皮洗净切丁，扁豆洗净切条，大蒜洗净拍扁、切末。

2. 炒锅注油烧热，放入洋葱丝炒至微黄，加入羊肉、大蒜末、辣椒粉、香叶、茴香籽翻炒均匀，倒入专用汤钵中，添适量清水。

3. 汤钵放入微波炉，用高火加热 5 分钟，改用中火加热 15 分钟。

4. 加入土豆丁、扁豆条，用高火加热 8 分钟。

5. 把面粉加适量水调成稀面糊，下入钵内煮沸。

6. 最后加淡炼乳，搅匀，加盐调味，用高火加热 1 分钟即成。

怀山羊肉汤

原料：羊腿肉 500 克，新鲜怀山药 150 克，北芪、党参各 25 克，红枣若干粒，盐适量。

 制作：

1. 羊腿肉用凉水浸泡 2 小时，洗净斩件，入开水锅内汆一下捞出，冲净污沫。

2. 怀山去皮、切块，浸泡在淡盐水中备用。

3. 砂锅添入 1 500 毫升清水，放入羊腿肉、怀山、北芪、党参和红枣，大火烧开，转小火慢炖 2～3 小时，至羊肉酥烂，加盐调味即可。

老黄瓜羊肉汤

原料：老黄瓜 500 克，羊肉片 400 克，姜片、香菜末、鸡精、盐各适量。

制作：

1. 老黄瓜洗净去皮。

2. 汤锅添入足量清水，用削皮刨，顺长刨出瓜肉条直接下锅（内瓤和瓜籽弃之），加入姜片同煮 10 分钟，至瓜条软熟。

3. 加入羊肉片并迅速搅散，撇除浮沫，加盐、鸡精调味，关火，撒入香菜末即可。

白萝卜羊肉汤

原料：羊肉 500 克，白萝卜块 150 克，葱段、姜片各 25 克，白糖、味精、盐、胡椒粉各 5 克，红椒条、香菜、料酒、花椒、八角各适量。

 制作：

1. 将羊肉切稍厚的片，下开水锅煮沸约 10 分钟捞出。

2. 另锅添适量水，放入羊肉片、花椒、八角、姜片、葱段、白萝卜块，大火煮沸，改小火烧 40 分钟。

3. 加入料酒、白糖、盐、胡椒粉、味精稍煮，撒上香菜和红椒条即可。

鱼丸羊肉汤

原料：羊肉片 400 克，鱼丸 150 克，香葱末、盐、白糖、鸡精各适量。

制作：

1. 砂锅添适量清水，加盐、白糖，下鱼丸煮熟。
2. 另锅烧热水，下羊肉片氽烫，除去血污。
3. 捞起羊肉片放入砂锅内，加鸡精、香葱调味即可。

> **小贴士**　　羊肉片过水氽烫不当会煮老变硬，观察肉片变色、无血丝时捞出，火候掌握应恰到好处。

羊肉平菇汤

原料：羊肉卷切片 300 克，平菇、香菜、醋、胡椒粉、辣椒油、盐各适量。

 制作：

1. 平菇、香菜洗净切段。
2. 净锅添适量水烧热，下入平菇段。
3. 开锅后下入羊肉卷切片，煮开迅速撇沫，加盐、关火，撒入香菜段。
4. 装碗，食用时加醋、胡椒粉、辣椒油。

白菜胡萝卜羊肉汤

原料：羊肉 500 克，大白菜 400 克，胡萝卜 1 根，腊肉片 50 克，葱花、姜片各 15 克，枸杞、胡椒粉各少许，油、盐适量。

制作：

1. 羊肉洗净切小块焯水，胡萝卜洗净切滚刀块，大白菜洗净撕成大块。

2. 锅中注油烧热，下葱花、姜片爆香，放入羊肉翻炒。

3. 添入适量水，煮沸，转小火煮1小时。

4. 加入腊肉片、胡萝卜块、手撕白菜，中火煮10分钟。

5. 加入盐、胡椒粉调味，撒入枸杞起锅即可。

单县羊肉汤

原料： 青山羊肉 500 克，羊骨 300 克，香菜末 50 克，葱、良姜各 10 克，花椒、桂皮、陈皮、草果、白芷、丁香粉、桂子粉各 5 克，精盐 10 克，红油 25 克，花椒水 15 克，酱油 5 克，芝麻油 25 克。

制作：

1. 羊骨用刀背砸成几段，用清水浸泡2小时，铺在锅底，放入60℃的温水锅中大火烧开，反复打去浮沫后捞出冲净。

2. 锅内添适量清水，烧至90℃时，下羊骨铺底，上放羊肉码齐，大火烧开，撇去浮沫，再加清水100毫升大火烧开，再撇去浮沫，中火烧50分钟，至汤浓发白、肉至八成熟时，将花椒、桂皮、陈皮、草果、良姜、白芷等用纱布包起成香料包，与姜片、葱段、精盐放入锅内同煮，同时不断地翻动锅内羊肉，使之均匀煮熟。

3. 捞出煮熟的羊肉放凉，顶丝切成薄片，装入汤碗内，撒入丁桂粉、香菜末。

4. 将煮羊肉汤加入花椒水烧开，浇入汤碗，淋上香油、红油即成。

简阳羊肉汤

原料：简阳土山羊肉1份量，鲫鱼1条，猪棒骨、羊棒骨各1/2份量，植物油、姜、葱、盐、味精、胡椒粉、茴香粉各适量。

制作：

1. 将羊肉、猪棒骨、羊棒骨分别洗净备用。

2. 将鲫鱼去鳞、鳃、内脏洗净，用纱布包裹严实并捆扎好。

3. 汤锅添入足量清水，下入猪骨、羊骨、羊肉煮沸，撇净浮沫后下入鲫鱼、拍破的姜块，同煮约50分钟，至羊肉煮熟透。

4. 羊肉捞起（待晾凉后切片），骨头继续用小火炖，至汤汁发白。

5. 炒锅注油烧热，下葱段、姜末炒至金黄色，放入羊肉片爆炒，加少许盐、胡椒粉、茴香粉，将不带骨棒、鲫鱼的羊汤倒入同煮。

6. 加盐、味精调味，关火后撒入葱末。

7. 装碗上桌，配上任选的干海椒、青海椒或红油椒盐汁蘸碟，蘸食羊肉喝汤。

隆昌羊肉汤

原料：羊骨架1 000克，羊肉750克，羊杂（肠肚肺）500克，葱白5段，生姜5大片，香葱花、香菜末、蒜黄末、盐各适量，红油蘸碟料（郫县豆瓣酱、蒜末、盐、食用油、鲜辣椒末）1份。

制作：

1. 羊骨架斩断，洗净后放入汤锅，添适量清水大火煮沸，撇净浮沫后小火煮 1 小时，放入 3 段葱白、3 片生姜，盖好锅盖用小火再煮 2 小时，至汤色乳白。

2. 把羊肉洗净，羊杂（肠肚肺）做浸泡、搓洗处理后，放入另锅内添水煮沸，撇去血污浮沫，放入葱白 2 段、生姜 2 片，待羊肉、羊杂煮熟，捞出晾凉切片。

3. 将切好的羊肉、羊杂摆放到汤碗中，加入香葱末、香菜末、蒜黄末，加盐调好咸淡，再将熬好的羊骨汤浇入碗里即可。

白菜粉丝羊肉汤

> **原料：** 水发绿豆粉丝 300 克，山东大白菜 500 克，冷冻羊肉片 250 克，姜片、葱花、盐、鸡精（或味精）、白胡椒粉、香油各适量。

 制作：

1. 绿豆粉丝剪成 10 厘米长的段。

2. 大白菜洗净，切成 3 厘米长的段。

3. 汤锅中添适量水烧开，放入姜片、粉丝、大白菜煮沸 2～3 分钟，再放入冷冻羊肉片煮沸，迅速撇除血沫。

4. 加盐、鸡精（或味精）、胡椒粉调味，撒入葱花即成。

萝卜粉丝羊丸汤

> **原料：** 羊肉 250 克，红皮大萝卜 500 克，水发绿豆粉丝 300 克，鸡蛋 1 个，葱末、姜末、料酒、胡椒粉、盐各适量。

制作：

1. 羊肉剁成泥，加葱末、姜末、鸡蛋，沿一个方向边搅边加入少许清水，再加料酒、生抽、胡椒粉、盐，沿一个方向搅打上劲。

2. 将大萝卜削顶、去根须，取半个洗净，切丝。

3. 锅中添适量水烧沸，放入萝卜丝，加少许盐，将萝卜煮熟。

4. 调小火，用虎口将丸子一个一个挤入锅中，撇净浮沫，煮3分钟。

5. 放入粉丝，继续煮3分钟，加少许盐、胡椒粉调味即可。

冬瓜粉丝羊肉丸子汤

原料： 羊肉馅250克，冬瓜500克，水发粉丝150克，花椒粒10克，色拉油、葱末、姜末、香菜末、盐、生抽、鸡精、香油各适量。

 制作：

1. 花椒加水浸泡20分钟，滤除颗粒后花椒水留用。

2. 羊肉馅加少许色拉油及葱末、姜末、盐、生抽、鸡精，朝一个方向搅拌，至感觉到上劲时徐徐加入花椒水，边加入边继续搅拌，直至丸子馅上劲充足。

3. 冬瓜去皮、瓤，切薄片。

4. 汤锅烧水至滚沸，改小火，保持汤面微沸，用匙将肉馅挖成2厘米大小的丸子，一个个陆续轻放入锅里煮。

5. 至丸子浮起，转大火煮至六七分熟，加入冬瓜片，将血沫撇净，盖盖炖片刻。

6. 至丸子煮熟，加入粉丝、盐、鸡精，小火煮 5 分钟，至粉丝熟即可。

7. 出锅前淋香油、撒香菜末。

羊肉酸菜粉丝汤

原料：羊肉 250 克，酸白菜 300 克，粉丝 150 克，香油 25 克，酱油、盐各 15 克，姜 5 克，味精 10 克，胡椒粉 5 克，香菜 25 克，小葱 10 克。

制作：

1. 羊肉洗净切成薄片，酸白菜切成细丝，葱、姜洗净切末。

2. 羊肉片放碗中，加酱油、料酒、味精、胡椒粉和香油拌匀。

3. 锅中香油烧热煸炒葱、姜，加入清水、酸白菜和粉丝煮开。

4. 汆入羊肉片，开锅后撇去浮沫，加盐调好味后关火，撒入香菜末，倒入汤碗中即成。

番 茄 羊 肉 汤

原料：羊肉（肥瘦）500 克，土豆 250 克，番茄 100 克，胡萝卜 50 克，白菜 150 克，洋葱（白皮）50 克，香菜 10 克，番茄酱 50 克，花生油 50 毫升，胡椒粉、盐少许。

制作：

1. 羊肉洗净，整块放入锅内，加水煮至五成熟捞出，切成小方块。

2. 土豆去皮，番茄去籽，与洋葱、大白菜、胡萝卜分别洗净，均切成大骰子块。

3. 将约 10 克洋葱剁成末，加入番茄酱里，下入热油锅稍煸炒，再加 1 匙羊肉汤，熬成番茄酱汁。

4. 取羊肉汤 1 500 克烧开，将切好的羊肉和全部蔬菜一起投入汤汁中，加入盐、番茄酱汁。

5. 待肉、菜煮熟，撒入胡椒粉、香菜末即成。

西式羊肉汤

原料：羊肉 300 克，洋葱 75 克，土豆、扁豆各 250 克，植物油 75 克，奶油 50 克，蒜末、香叶、茴香、辣椒粉、面粉、盐各适量。

制作：

1. 羊肉洗净切成小块，洋葱去老皮洗净切顺丝。

2. 土豆去皮洗净切豌豆大小丁，扁豆择洗净切条，分别放入沸水锅中煮熟，捞出沥干。

3. 炒锅注油烧热，下入洋葱丝煸炒至微黄，加入羊肉、蒜末、辣椒粉、香叶、茴香同炒出香味，添汤大火煮沸，转小火煮至肉熟。

4. 加入煮熟的土豆丁、扁豆条。

5. 面粉加适量凉水调成面糊，置于另锅煮沸，加入奶油搅拌均匀，倒入汤里。

6. 将羊汤用旺火重新烧开，加盐调味即可。

羊 杂 汤

原料：羊杂1份（羊心、羊肺、羊肚、羊肠各50克），葱丝、姜末、姜片、蒜末、蒜瓣各20克，花椒、香菜末各10克，羊肉高汤1 200克，盐、醋、料酒、胡椒粉、味精各少许。

制作：

1. 将羊杂用淀粉加粗盐抓匀，再用清水反复冲洗干净。

2. 将羊杂放入锅中，添适量水，加入花椒、葱丝、姜片、蒜瓣、少许盐，煮至九成熟后捞出沥水，晾凉后切成小块。

3. 另锅放入羊肉高汤、姜末、蒜末、料酒、盐和羊杂。

4. 烧开后转小火，撇去浮沫，加醋和味精调味，撒入胡椒粉和香菜末即可。

绥 德 羊 杂 汤

原料：熟羊头肉250克，熟羊肚100克，羊血豆腐100克，羊骨汤750毫升，陕北粉条150克，芹菜100克，香菜50克，油泼辣子（红辣油）25克，葱、姜、蒜末、味精、盐各适量。

制作：

1. 熟羊头肉切骰子大的肉丁，羊肚切条，羊血豆腐切片。

2. 粉条洗净泡软，芹菜洗净切段，香菜洗净切末，葱、姜、蒜切末。

3. 汤锅放入羊骨汤、羊肉丁、羊肚条、羊血豆腐片，大火煮沸，去浮沫，加入葱、姜、蒜末，改小火煮2小时。

4. 加入粉条、芹菜段，小火再煮15分钟，加盐、油泼辣子、味精，出锅时撒入香葱、香菜末即成。

内 蒙 羊 杂 汤

原料：羊肚1只，心肝肺1套，羊肠250克，土豆、尖辣椒、香菜若干，植物油、葱段、蒜末、姜片、辣椒丝、香菜等各适量。

 制作：

1. 羊肚、羊肠加盐揉搓去黏液，羊心剖开去除淤血，羊肝泡水挤压去血水，羊肺灌水揉捏洗白，分别入沸水锅中煮3～5分钟捞出，冲洗干净，汤水倒掉。

2. 土豆去皮洗净切条，葱切段，蒜拍碎，姜切片，尖辣椒切丝，香菜切段。

3. 将所有羊杂碎放入净锅，添适量清水，大火煮沸，去浮沫后加葱、姜，改小火炖1.5小时捞出，晾凉后切成筷子粗的条。

4. 炒锅烧至六成热，下入葱段、姜片、蒜末、盐、酱油爆香，放入土豆翻炒至变色。

5. 将适量煮羊杂原汤和清水倒入炒锅，下入羊杂碎条、尖辣椒丝，煮沸20分钟关火，出锅前撒入香菜即可。

驴 肉 汤

原料：驴肉 500 克，料酒 25 毫升，葱段、姜片各 10 克，精盐 5 克，味精 3 克，花椒水、植物油各少许。

制作：

1. 将驴肉洗净，下沸水锅中氽透，捞出切片。

2. 炒锅注油烧热，将葱、姜、驴肉同下锅，煸炒至水干后烹入料酒，加入盐、花椒水、味精。

3. 添入适量水，煮至驴肉熟烂，拣去葱、姜，装盆即成。

花 菇 驴 肉 汤

原料：驴肉 500 克，花菇 1000 克，高汤 1200 毫升，盐、味精（或鸡精）、胡椒粉各适量。

制作：

1. 驴肉洗净斩块，入开水锅焯去血水，洗净污沫沥干。

2. 花菇泡发后去蒂、洗净，挤干水分。

3. 将驴肉、花菇放入瓦罐，添入高汤大火烧开，改小火炖 2.5 小时。

4. 加盐、味精、胡椒粉调味即可。

栗子驴肉汤

原料：带皮驴肉 750 克，油栗子 150 克，生抽、老抽、料酒、腐乳汁各 15 毫升，白糖 5 克，花椒、香叶、八角、茴香、葱段、姜片、蒜瓣、盐各适量。

制作：

1. 带皮驴肉洗净切块，冷水下锅，烧开 2 分钟后捞出，用热水洗去污血浮沫，沥水备用。

2. 油栗洗净，用刀尖剁一个豁口，下入开水锅中煮 2 分钟，捞出趁热剥去外壳和内皮，将栗子肉浸泡于凉水中。

3. 砂锅添入适量清水，放入花椒、八角、香叶、茴香、葱段、姜片、拍扁的蒜瓣，料酒、白糖、生抽、老抽、腐乳汁及驴肉，大火烧开 5 分钟。

4. 盖上锅盖，用中小火炖 1.5 小时。

5. 加入栗子肉再炖 20 分钟，出锅前加盐调味即成。

胡萝卜驴肉汤

原料：新鲜驴肉 750 克，胡萝卜 200 克，油、盐、葱花、香菜末各适量。

制作：

1. 将驴肉洗净，切成麻将牌大小的块。

2. 胡萝卜去皮洗净，切滚刀块。

3.炒锅注油烧热，爆香葱花，下驴肉翻炒至变色、汁水渐干，加入精盐。

4.将胡萝卜块、炒好的驴肉块一并倒入高压锅里，添适量水，盖盖烧至上汽加压，小火加热 15 分钟即可关火。

5.泄压后开盖，捞出肉块、胡萝卜块装盆，浇上肉汤，撒入香菜末即成。

兔肉香菇汤

原料：兔肉 300 克，香菇 100 克，植物油、葱花、花椒粉、盐、鸡精各适量。

 制作：

1.兔肉洗净切块，香菇去蒂洗净切丝。

2.炒锅注油烧至七成热，下入葱花、花椒粉炒香，放入兔肉翻炒，至肉色变白时添适量水。

3.汤煮沸放入香菇，煮 5 分钟，加盐和鸡精调味即可。

白蘑菇排骨汤

原料：新鲜白蘑菇 100 克，排骨 150 克，花椒、八角、小茴香、葱、姜、蒜、盐、绍酒、胡椒粉各适量。

 制作：

1.将排骨洗净剁成小块，凉水下锅，开锅后撇去血沫，捞出排骨。

2. 将白蘑菇洗净，飞水后捞出。

3. 锅中添适量清水，放入焯好的排骨以及葱、姜、蒜、花椒、八角、小茴香等调料，烧开后撇去浮沫，淋入绍酒。

4. 大火烧开后转小火炖 1 小时，至汤变成奶白色。

5. 最后加入白蘑菇再炖 20 分钟，加盐、胡椒粉调味即可。

茶树菇排骨汤

原料：猪排骨 2 根，茶树菇 50 克，党参、枸杞子、盐各适量。

🍲 **制作**：

1. 排骨切大块，茶树菇洗净。

2. 将所有食材一起入锅，添水烧开，用小火炖 1 小时，加盐调味即可。

冬瓜排骨汤

原料：冬瓜 400 克，排骨 200 克，生姜 1 块，香油、精盐、味精少许。

🍲 **制作**：

1. 排骨洗净，放入沸水锅中氽烫，捞出冲净沥干。

2. 生姜洗净、拍松，冬瓜切成厚片。

3. 砂锅中添适量清水，放入排骨、生姜，大火烧开后，改小火煲 40 分钟，待排骨熟透后加入冬瓜片。

4. 冬瓜煮熟后，加入精盐、味精、香油调味即可。

玉米冬瓜排骨汤

原料：排骨 500 克，玉米 1 根，冬瓜 400 克，姜 1 片，盐适量。

制作：

1. 排骨斩件，洗净后焯水备用。

2. 将玉米扯去叶，保留玉米须。将玉米和玉米须洗净，并将玉米切段；冬瓜洗净、切块。

3. 将排骨、冬瓜、玉米、玉米须、姜片放入电饭煲中，添适量清水，煲 2 个小时，加盐调味即可。

冬瓜玉米炖排骨汤

原料：排骨 500 克，玉米 1 根，冬瓜 250 克，姜、料酒、白醋、花椒、盐各适量。

制作：

1. 排骨斩块洗净后沥水，玉米砍成约 3 厘米的小段，冬瓜切约 2 厘米的块。

2. 取锅添水，烧开，放入排骨和少许料酒，煮约 2~3 分钟捞出沥干。

3. 另取砂锅，放入姜片、花椒和适量水，水开后放入排骨，滴几滴白醋，小火炖 40 分钟。

4. 加入玉米，小火炖 30 分钟，再加入冬瓜，小火继续炖 30

分钟，加盐调味即可。

玉米萝卜大骨汤

原料：玉米棒 150 克，排骨 250 克，红萝卜 50 克，生姜、红枣少许。

 制作：

1. 玉米棒去外皮切成段，红萝卜洗净切块，排骨砍成块，生姜切片，红枣洗净。

2. 排骨汆一下去除血水。

3. 煲内添适量清水，烧开后加入姜片、玉米棒、排骨块、红萝卜块及红枣，大火再烧开，改小火煲 40 分钟即可。

番茄莲藕排骨汤

原料：排骨 400 克，西红柿 2 个，莲藕 1 节，姜 4 大片，盐适量。

 制作：

1. 排骨斩成块，放入凉水中浸泡 20 分钟，洗净后放入凉水锅中，煮开后捞出冲净。

2. 把焯过水的排骨再入开水锅中，加入姜片，盖上锅盖，中火煮 1 小时。

3. 再加入洗净、切成块的西红柿、莲藕，小火煮 40 分钟，最后加盐调味即可。

番茄土豆排骨汤

原料：猪尾骨 1 根，番茄、土豆各 1 个，胡萝卜半根，八角 3 粒，料酒 20 毫升，红枣 4 个，蒜苗少许，鸡精、葱、姜、盐、胡椒粉各适量。

制作：

1. 猪骨剁小块，洗净后焯烫一下。
2. 炖锅里添适量清水，放入葱、姜、八角、猪骨和料酒。
3. 加盖煮 40 分钟。
4. 加入洗净切块的番茄、土豆和胡萝卜，用大火煮 20 分钟。
5. 加入盐、胡椒粉调味，撒入鸡精、蒜苗即可。

排骨海带汤

原料：猪排骨 200 克，海带结 150 克，姜片、精盐、黄酒、味精、香油各适量。

制作：

1. 排骨洗净，焯过后投入沸水锅中，放入姜块，滴入黄酒，用中火煲 20 分钟。

2. 加入洗净的海带结，继续用中火煲 15 分钟，加盐、味精调味，淋入香油即成。

海带香菇排骨汤

原料：排骨 500 克，水发海带 150 克，枸杞子 10 克，香菇 3 朵，姜片、料酒、盐、醋适量。

 制作：

1. 将排骨洗净、剁成块，汆烫后捞出；海带洗净切段；香菇泡软、去蒂、切片；枸杞子用温水泡发、洗净。

2. 锅中添适量清水，将各种食材（除枸杞子外）及料酒、醋一起放入，炖至排骨熟，出锅前加入枸杞子、盐，再煮 5 分钟即可。

花生大蒜排骨汤

原料：排骨 400 克，花生米 50 克，蒜头、精盐、香油各适量。

 制作：

花生洗净稍浸泡，大蒜去衣洗净；排骨洗净，剁成段，与花生、大蒜一起放瓦煲内，添适量清水，大火烧沸后，改为小火煲约 2 个小时，调入精盐和香油即可。

花生莲藕排骨汤

原料：排骨 300 克，花生 100 克，莲藕 1 节，生姜、盐适量。

制作：

1. 排骨焯水、控干，莲藕洗净、去皮、切大块，生姜切片，花生洗净。

2. 将所有食材放入汤煲，大火煮开，转小火煮 2 小时，调入盐即可。

牛 蒡 排 骨 汤

原料：排骨 400 克，牛蒡 250 克，黑木耳 50 克，姜片、料酒、盐各适量。

 制作：

1. 将排骨放入冷水锅里煮开，3 分钟后捞起，洗去血沫控干。

2. 牛蒡去皮切厚片，浸在滴入少许白醋的清水里（防氧化变色）；黑木耳用冷水泡发，剪去蒂，撕成小朵，清洗干净。

3. 将排骨和姜片放入锅里，添足量清水烧开，淋入料酒，转小火炖 50 分钟。

4. 加入牛蒡继续炖 20 分钟，再加入黑木耳炖 10 分钟，最后加盐调味即可。

排 骨 酥 汤

原料：排骨 300 克，莲藕 100 克，胡萝卜 50 克，鸡蛋 2 个、盐、植物油、白胡椒粉、白糖、生粉、香菜各适量。

制作：

1. 排骨斩成块、洗净，加入少许盐、白胡椒粉和白糖，腌制 5 分钟。

2. 莲藕和胡萝卜洗净，均切成滚刀块。

3. 碗里打入鸡蛋搅匀。

4. 将腌制好的排骨蘸上生粉，再蘸满鸡蛋液。

5. 锅中注油烧至四成热，把蘸好的排骨一一放入，小火炸。

6. 将炸好的排骨放入砂锅，添适量热水，煮至排骨酥软，调味即可出锅。

山药玉米排骨汤

原料： 猪肋排 2 根，甜玉米 1 根，山药半根，葱、姜、黄酒、盐各适量。

 制作：

1. 猪肋排剁成小段，焯后冲净。

2. 砂锅里添适量温水，放入排骨，中火烧开。

3. 玉米切段，山药切滚刀块，葱切丝，姜切片。

4. 排骨煮约 40 分钟后，放入玉米段、山药块儿、葱丝、姜片，淋入黄酒。

5. 转小火继续煮 40 分钟，加盐调味即可。

薏米冬瓜排骨汤

原料： 排骨 400 克，冬瓜 300 克，薏米 30 克，姜 2 片，盐、葱花适量。

制作：

1. 冬瓜去皮洗净切块；薏米、排骨（斩成块）洗净。

2. 瓦煲内添适量水，放入排骨，大火烧开，撇去浮沫，改小火炖 30 分钟。

3. 加入薏米、料酒、姜片，小火慢炖 1 小时，再加入冬瓜，再炖 20 分钟。

4. 起锅前撒入盐、葱花调味。

竹笋排骨汤

原料：猪肋排 500 克，竹笋 1 根（约 75 克)，葱、姜、花椒、八角、胡萝卜、香叶、陈皮、盐各适量。

 制作：

1. 猪肋排骨洗净剁成适中的块，焯过；葱切段，姜切片。

2. 锅中添适量水，放入排骨、葱段、姜片、花椒、八角，大火烧开，转中火煲 40 分钟至排骨汤发白。

3. 竹笋去皮洗净，与胡萝卜均切滚刀块，放入排骨汤中。

4. 加香叶、陈皮继续煲至竹笋及胡萝卜块熟透。

5. 撒盐、葱花调味即可。

白萝卜猪骨汤

原料：猪骨 400 克，白萝卜 1 根，盐适量。

制作：

1. 猪骨洗净剁块，白萝卜洗净去皮切块。

2. 锅内添适量水，放入猪骨，开锅后改小火，炖 30 分钟后加入白萝卜，除去浮沫，继续煲 30 分钟，出锅前加盐调味即可。

海带冬瓜炖大骨

原料：棒骨、扇骨各 200 克，冬瓜 150 克，水发海带 100 克，料酒、葱、姜、盐、醋各适量。

制作：

1. 棒骨和扇骨洗净，棒骨从中间敲断；冬瓜切块，海带切丝。

2. 骨头入锅，锅内添没过骨头的凉水，大火烧开，撇净浮沫。

3. 连汤带骨头倒入高压锅内，加醋、料酒和葱姜，开锅后，中火烧 20 分钟。

4. 锅内气体自然排净后，倒入煮锅，加冬瓜块，中火烧 10 分钟。

5. 加入海带丝，撒盐，中火再烧 10 分钟即可。

苦 瓜 排 骨 汤

原料：排骨 400 克，苦瓜 300 克，葱、姜、绍酒、盐、味精适量。

制作：

1. 苦瓜去蒂、去瓤、切成块；排骨洗净，切 2 厘米的小段；

葱切段，姜切片。

2. 锅中添适量水烧开，放入排骨煮去血沫，捞出冲净沥水。

3. 净锅添足量清水（以熬制中间无需补加为限），下入排骨，大火烧开，撇去浮沫后放入葱段、姜片、绍酒，改小火烧 1 小时，至排骨熟烂，加入苦瓜，煮约 10 分钟，加盐、味精调味即可。

芋 头 排 骨 汤

原料：排骨 500 克，芋头 300 克，姜 2 片，葱 3 段，葱末、盐、味精、料酒少许。

 制作：

1. 芋头去皮洗净切滚刀块；排骨斩成小段，入开水锅中烫过捞起。

2. 锅中添适量水，放排骨、姜片、葱段烧开，小火焖煮 50 分钟。

3. 捞起姜片、葱段不要，加入芋头煮 15 分钟。

4. 淋料酒，加盐、味精调味，撒上葱花即可。

萝 卜 排 骨 汤

原料：猪小排 2 根（约 400 克），白萝卜 1 大根（约 500 克），姜片、葱段、八角、料酒、白醋、盐各适量。

制作：

1. 白萝卜削顶去尾，洗净后对劈成两半，再横切成厚片。

2. 排骨斩成小段，放入沸水锅中煮 2 分钟，捞出后用冷水冲净。

3. 汤锅添适量清水，将排骨冷水下锅，加姜片、葱段、八角、料酒、白醋，大火烧沸后撇除浮沫，盖严锅盖转小火煮 1 小时。

4. 加入萝卜再煮 15 分钟，加盐调味即可。

海 带 排 骨 汤

原料：猪排骨 400 克，干海带 150 克，葱段、姜片、精盐、黄酒、香油各适量。

制作：

1. 将干海带浸泡后，上屉蒸 30 分钟，取出再用清水浸泡 4 小时，彻底泡发后，洗净控水，切成长菱形块。

2. 排骨洗净，用刀顺骨切开肋间肉，再横剁成约 3 厘米的段，入沸水锅中焯一下，捞出冲净。

3. 净锅内添适量清水，放入排骨、葱段、姜片、黄酒，旺火烧沸，撇去浮沫。

4. 转小火焖约 40 分钟后加入海带块。

5. 旺火烧沸 10 分钟，拣去姜片、葱段，加精盐调味，淋入香油即成。

番 茄 排 骨 汤

原料：猪小排骨 500 克，番茄 2 个，圆白菜 150 克，番茄酱 50 克，芡汁、盐、香菜末适量。

制作：

1. 小排骨洗净、斩成小段，汆烫除去血污，用冷水冲净。

2. 净锅添适量清水烧开，下入排骨，用中火煮约 40 分钟，至其熟烂。

3. 圆白菜洗净，切三角形小块儿，放入排骨中，煮沸 1 分钟后加入洗净、切块儿的番茄同煮，加番茄酱、盐。

4. 煮至圆白菜熟软、番茄微烂时，淋入芡汁勾芡，见汤汁黏稠关火盛出，撒入香菜末即成。

茶香栗子排骨汤

原料：猪小排 300 克，铁观音茶叶 3 克，新鲜栗子 100 克，盐适量。

制作：

1. 取铁观音茶叶，用 500 毫升热开水泡 1 分钟，滤去茶叶，取茶汤备用。

2. 猪小排洗净，斩成 2 厘米长的小段，汆水后用冷水冲净。

3. 栗子放入沸水锅中煮熟，剥壳去薄皮取肉。

4. 取锅倒入铁观音茶水，放入猪小排、栗子，旺火煮沸，转小火炖 1.5 小时。

5. 加盐调味后即可。

蛤蜊排骨汤

原料：猪排骨 300 克，蛤蜊 200 克，姜丝 10 克，白酒 15 毫升，盐 5 克。

制作：

1. 将蛤蜊泡在淡盐水中，待其吐尽沙后洗净。

2. 排骨洗净，剁成 1.5 厘米的小块，焯水后洗净。

3. 锅中添适量清水，下入排骨、姜丝，大火烧开，盖盖，小火炖 50 分钟。

4. 加入蛤蜊稍煮，见蛤蜊开口，加入盐、白酒和味精调味即可。

花菇玉米排骨汤

原料： 猪小排 400 克，干花菇 3 朵，嫩玉米、胡萝卜各 1 根，老姜 10 克，葱 20 克，料酒、盐、鸡精各适量。

 制作：

1. 用温水将干花菇浸发 2 小时，捞出洗净，切成小块。

2. 玉米、胡萝卜、葱、姜洗净，玉米切 2 厘米段，胡萝卜切滚刀块，葱三成切碎花、七成切段，老姜切片。

3. 猪小排洗净，斩成小块，入沸水锅焯 5 分钟，捞出用冷水洗净血沫。

4. 将猪小排放入锅中，添适量清水，放入葱段、姜片，大火烧开。

5. 淋入料酒除腥，转小火煮 1 小时，加入花菇、嫩玉米、胡萝卜，小火煮 30 分钟，加盐、鸡精、葱花调味即可。

大白菜排骨汤

原料：猪排骨400克，冻豆腐300克，水发宽粉条200克，大白菜叶6片，姜3片，精盐、鸡精、芝麻油各适量。

制作：

1. 将排骨洗净斩成小段，焯水后冲净，沥水。

2. 冻豆腐解冻、攥干切块，宽粉条剪成15厘米长短，白菜洗净切块。

3. 锅内添适量清水，放入姜片、排骨，小火炖40分钟。

4. 放入冻豆腐块、宽粉条、白菜块、精盐，用中火炖20分钟关火，加鸡精、芝麻油调味即可。

西洋菜排骨汤

原料：排骨750克，西洋菜300克，大葱4段，姜3片，枸杞20克，红枣3粒，盐、胡椒粉、芝麻油适量。

制作：

1. 排骨洗净斩段，焯水捞出冲净浮沫。

2. 西洋菜清洗干净，分为梗、叶两部分；红枣、枸杞洗净。

3. 锅内添适量清水，下入排骨、姜片、葱段、西洋菜梗、红枣、料酒，大火煮沸后转小火。

4. 炖50分钟后，加入枸杞、西洋菜叶、盐，再煮10分钟。

5. 出锅时加胡椒粉、芝麻油调味即可。

蔬 菜 排 骨 汤

原料：排骨500克，高丽菜
1/2棵，番茄2个，面粉3大匙，
盐、胡椒粉少许。

 制作：

1. 排骨洗净，剁成小段，汆水后冲净污沫捞出，下入另一开水锅内，用小火炖50分钟。

2. 加入高丽菜与排骨同烧，待软烂时再放番茄，稍煮盛出，撒胡椒粉即可。

金 针 排 骨 汤

原料：猪小排500克，金针
（黄花）25克，姜2片，酒15毫
升，盐5克。

制作：

1. 猪排骨洗净剁成小段，汆烫除血水后冲净污沫。

2. 金针泡发至软，去除蒂头硬结，每根打结。

3. 将汆过水的小排放入炖锅内，淋入酒，下姜片，添入适量开水，炖50分钟。

4. 至排骨熟，加入金针，再炖10分钟，加盐调味即可。

牛蒡排骨汤

原料：猪排骨 400 克，新鲜牛蒡 1 根，山药、胡萝卜各 150 克，枸杞 10 克，红枣 6 粒，葱 4 段、姜 4 片，八角、桂皮、香叶、盐各适量。

制作：

1. 牛蒡洗净去皮切块，放入淡盐水中浸泡 40 分钟。
2. 山药洗净去皮切块，放入淡醋水中浸泡。
3. 胡萝卜去皮洗净切块，枸杞、红枣洗净。
4. 猪排骨洗净剁成小段，飞水冲净沥干。
5. 取砂锅，放入猪排骨、葱段、姜片、桂皮、香叶、八角，添适量水，大火煮沸后转小火炖 50 分钟。
6. 加入牛蒡、胡萝卜、山药、红枣、枸杞和适量盐，小火再炖 30 分钟即可。

竹笋排骨汤

原料：小排骨 250 克，竹笋 150 克，盐、鸡精、姜片少许。

制作：

1. 将竹笋洗净切片，排骨洗净斩段。
2. 将竹笋片入开水锅余烫一下，捞出沥干；再将排骨段入锅余烫 2～3 分钟，捞出用冷水冲净血沫。
3. 另锅添适量开水，下入余烫过的笋片、排骨段，旺火煮。煮沸，转小火，盖上锅盖焖 30 分钟，加入姜片、盐和鸡精调味，稍煮即可。

茶树菇排骨汤

原料：排骨 500 克，干茶树菇 50 克，生姜 1 块，盐适量。

 制作：

1. 排骨洗净、剁成大块，飞水后冲净浮沫。

2. 干茶树菇用温水浸泡至软，去除根蒂，洗净泥沙杂质，挤干水分。

3. 生姜去皮洗净、切片。

4. 全部食材放入汤锅，添适量水，旺火煮沸，转小火煲 2 小时，出锅前加盐调味即可。

三菌排骨汤

原料：排骨 500 克，金针菇、白玉菇各 150 克，杏鲍菇 200 克，菜心、葱段、姜片、料酒、盐、白胡椒粉适量。

 制作：

1. 排骨洗净、剁成小段，放入锅中，添适量水，加入 3 片姜、10 毫升料酒，烧开煮几分钟，去除血沫后捞出沥干。

2. 菜心和三种蘑菇分别洗净，杏鲍菇切滚刀块，金针菇、白玉菇切段。

3. 砂锅添适量水，放入焯过水的排骨和葱、姜，大火煮沸后转小火炖 50 分钟。

4. 加入杏鲍菇炖 2 分钟，再加入白玉菇、金针菇炖 5 分钟，加盐和白胡椒粉调味，撒入青菜心煮开即可。

花旗参排骨汤

原料： 排骨 300 克，花旗参片 3～5 克，姜 4 片，桂圆肉 6 粒，红枣 4 枚，盐、白胡椒粉适量。

 制作：

1. 桂圆肉、红枣提前泡软、洗净。

2. 排骨洗净、剁成小块，放入冷水锅里煮沸，捞出冲净沥水。

3. 另锅添适量水，放入汆烫好的排骨，加入姜片、红枣、桂圆、花旗参。

4. 煮沸后转小火煮 1.5～2 小时，调入盐、白胡椒粉即可。

酸菜粉条排骨汤

原料： 猪大排 500 克，酸白菜 400 克，水发宽粉条 200 克，植物油 25 克，料酒 15 毫升，葱 5 段，姜 4 片，盐适量。

制作：

1. 排骨剁成大块，下入凉水锅中，大火烧开，煮 2 分钟后捞出排骨，用凉水冲掉浮沫杂质。

2. 炖锅放入葱段、姜片、排骨，添适量水大火煮开，淋入料酒，转小火煮1小时。

3. 酸菜拆散洗净，在清水中浸泡10分钟，用菜刀在较厚的菜帮横头片切1～2道口子，然后用手揭、撕成薄片，再码好菜帮切成细丝，挤攥成团备用；宽粉条用剪刀剪成适中的段。

4. 另起炒锅，注油烧至六成热，放入酸菜丝煸炒至呈半透明状，倒入炖锅中。

5. 炖锅大火煮开后，转为小火焖20分钟。

6. 加入宽粉条再焖5分钟，加盐调味即可。

酸菜平菇排骨汤

原料：猪肋排骨500克，酸菜（泡青菜）150克，豌豆尖100克，平菇100克，白萝卜150克，番茄1个，小葱6根，猪油、生姜、大蒜、香菜、料酒、花椒面、生抽、盐各适量。

制作：

1. 猪肋排骨洗净沥干水分，斩成3厘米的段，放入盆中，加入适量料酒、盐、花椒面，腌制30分钟。

2. 酸菜用清水浸泡5分钟，捞出切3厘米的片。

3. 豌豆尖择洗净，平菇洗净撕成丝，萝卜洗净切薄片，番茄烫软去皮、去籽后剁成浆泥，香菜切碎；取2根小葱挽成把；取1块生姜拍破，其余葱、姜和蒜切片备用。

4. 排骨放入压力锅内，添适量水、1块拍破的生姜、挽好的小葱把，煮沸加压后小火加热20分钟，排气解压。

5. 炒锅注油烧至四五成热，放入葱、姜、蒜片爆锅，再放入番茄泥烧出香味，随后下入酸菜翻炒一下。

154 ·

6. 将压力锅中的排骨和汤全部倒入炒锅烧开；豌豆尖放到炒锅的滚汤里汆烫一下后立即捞出，放到汤碗中备用。

7. 把萝卜片、平菇丝下入锅里，加入生抽、盐，大火煮沸后转小火炖至萝卜熟软，舀出汤菜盛入豌豆尖垫底的碗中，撒上香菜段即可。

山 药 排 骨 汤

原料：排骨 500 克，山药 400 克，生姜 1 片，葱花、盐适量。

 制作：

1. 山药去皮洗净、切块，泡在淡盐水中备用。

2. 排骨洗净，剁成 3 厘米段，下开水锅内飞水，捞出冲净。

3. 砂锅添入足量清水，放入排骨、山药、生姜，大火烧开，转小火煲 50 分钟。

4. 出锅前加盐调味，撒入葱花即可。

山药胡萝卜排骨汤

原料：排骨 500 克，山药 300 克，胡萝卜 100 克，枸杞 10 克，料酒 10 毫升，生姜、八角、盐各适量。

制作：

1. 排骨洗净剁成小段，焯水除去血污，捞出冲净。

2. 山药去皮洗净、切小块，放在加有几滴醋的清水中；胡萝卜洗净去皮、切小块，生姜拍破。

3. 砂锅添适量水烧开，放入排骨、姜、料酒、八角，大火烧开后转小火。

4. 煮 1 小时后，加入山药、胡萝卜，继续用小火煮半小时。

5. 最后加入枸杞搅拌，再加盐调味即可。

山药枸杞薏仁排骨汤

原料：猪排骨 500 克，山药 1 根，枸杞 15 克，薏仁 25 克，姜、盐适量。

 制作：

1. 薏仁提前 4 小时用凉水浸泡（浸泡一夜次日煮更好）。

2. 排骨洗净、剁成小块，放在凉水中浸泡 20 分钟去除血水，然后焯水捞出冲净浮沫。

3. 砂锅添适量热水，放入排骨、姜片、10 毫升料酒，大火烧开，转小火煮 2 小时。

4. 将削皮洗净、切成大块的山药放入汤里，继续用小火煮 30 分钟。

5. 加入枸杞，煮 15 分钟。

6. 起锅前加盐调味即可。

山药红枣排骨汤

原料：猪排骨 500 克，山药 200 克，红枣 30 克，桂圆肉 20 克，枸杞 15 克，盐、姜各适量。

制作：

1. 排骨洗净、剁成小段，放入开水锅中煮几分钟，捞出后用凉水冲净。

2. 山药去皮、洗净、切段，放入清水盆中（滴入少许白醋）浸泡，生姜洗净、拍破。

3. 红枣、桂圆肉、枸杞洗净，红枣去核。

4. 砂锅添适量水，放入排骨、山药、红枣、桂圆肉，大火煮开，转小火煮 1 小时。

5. 加入枸杞子，继续煮 10 分钟，加盐调味即可。

萝卜土豆排骨汤

> **原料：**猪排骨 950 克，白萝卜 300 克，土豆 200 克，葱 50 克，姜 20 克，料酒 15 毫升，鸡汤 2500 毫升，香菜、精盐、胡椒粉各少许。

制作：

1. 将猪排骨洗净剁成大段，焯水后捞出冲净。

2. 白萝卜、土豆分别去皮洗净、切成滚刀块；葱、姜、香菜洗净，葱切大段、姜切片、香菜切 1 厘米段。

3. 炖锅中倒入鸡汤，放入排骨段、葱段、姜片、精盐、料酒、胡椒粉烧沸。

4. 用中火煮片刻，转小火煮至排骨将熟，加入白萝卜、土豆，煮至排骨熟嫩，出锅倒入汤碗中，撒上香菜段即可。

胡萝卜猪骨汤

原料：猪骨 500 克，胡萝卜、玉米各 1 根，生姜 1 块，香葱两根，醋、盐适量。

制作：

1. 猪骨洗净，焯水捞出后洗净浮沫（大骨棒等应斩断、劈开以便熬透）。

2. 胡萝卜、玉米、葱、姜洗净，胡萝卜切滚刀块，玉米切 2 厘米段，姜切片，葱切末。

3. 取砂锅，放入猪骨、姜片，添适量清水，大火烧开后撇沫，加入少许醋后转小火煮 1 小时。

4. 放入胡萝卜、玉米，小火再炖 1 小时，加盐调味，撒入葱末即可。

西红柿土豆扇骨汤

原料：扇骨 500 克，西红柿 3 个，土豆 1 个，姜 1 片，盐适量。

 制作：

1. 西红柿洗净切块，土豆去皮、洗净切块，扇骨洗净、斩件、焯水。

2. 将西红柿、土豆、扇骨放入电砂煲中，添适量水，煲 2 个小时。

3. 加盐调味即可。

韩式猪骨汤

原料：猪脊骨 500 克，萝卜 150 克，胡萝卜 100 克，栗子 75 克，洋葱 50 克，苹果 50 克，葱、姜、蒜、盐、胡椒粉、色拉油、香油各适量。

制作：

1. 猪脊骨剁成大块，用清水浸泡 15 分钟，再用流水冲洗至颜色发白。

2. 苹果去皮、去核，切成细丝，用清水浸泡。

3. 栗子去皮，萝卜、胡萝卜切块；洋葱切丝，葱切段，姜切片，蒜切末。

4. 炒锅注油烧热，炒香洋葱和苹果，加入猪骨炒至变色出香味。

5. 将炒锅中的骨肉汁水全部倒入备好的砂锅中，添入适量清水，加入料酒、栗子，大火烧开，转小火炖 1 小时。

6. 放入萝卜块、胡萝卜块，煮至萝卜块透明，加入葱段和蒜末烧 2～3 分钟。

7. 加盐、胡椒粉调味，淋入香油即可。

石锅骨头汤

原料：熟排骨 4 块，土豆 1 个，韭菜少许，韩式辣酱 2 匙，大蒜碎 1 小匙，辣椒碎 1 匙，芝士片 1 片，胡椒粉、盐、油少许。

制作：

1. 土豆洗净切滚刀块，韭菜洗净切小段。
2. 除芝士片和油，所有调料食材均匀混合到一个碗中。
3. 炒锅注油烧热，下入土豆翻炒至边缘透明。
4. 加入排骨及适量水，大火烧开。
5. 加入混合好的调料搅匀，转中小火，炖至土豆酥烂后关火。
6. 把土豆、排骨、汤一起倒入石锅，加热至沸腾后，加入芝士片，溶化后关火，撒上韭菜段即可。

洋葱玉米牛骨汤

原料：牛骨 750 克，洋葱 200 克，玉米 300 克，姜 25 克，米酒 100 毫升，盐适量。

制作：

1. 牛骨洗净，放入沸水锅中氽烫去除血水，捞出冲净。
2. 玉米剥除叶子洗净，洋葱去老皮洗净后切 4 瓣；姜洗净切片。
3. 将牛骨、玉米、洋葱、姜片一起入锅，加米酒、适量水旺火煮沸。
4. 转小火炖 50 分钟，过滤、去浮沫，取汤饮用。

西式牛骨汤

原料：牛骨 1 000 克，牛杂筋肉 250 克，高丽菜 200 克，胡萝卜、洋葱、芹菜、番茄各 100 克，月桂叶 3 片，白胡椒粒 15 克，蒜片 25 克，辣椒 1 个，老姜片 50 克，盐适量。

制作:

1. 洋葱剥去表层、去头尾洗净,番茄洗净、烫软、去皮,分别对切成两半。

2. 胡萝卜洗净切去头部,高丽菜洗净。

3. 芹菜去叶洗净、切成 3 厘米段。

4. 将牛骨,牛杂筋肉放入沸水锅内汆烫,捞出冲净。

5. 将牛骨、牛杂筋肉放入锅内,添适量水,放入高丽菜、胡萝卜、洋葱、芹菜、番茄、月桂叶、白胡椒粒、蒜片、辣椒、老姜、盐,小火炖 1.5 小时。

6. 捞出汤汁表面浮渣、香料和浮油,滤除所有食材,只留汤饮用。

越 式 牛 骨 汤

原料: 牛骨 500 克,白萝卜 1 根,洋葱 1 个,干贝 6 颗,八角 2 颗,鱼露、黄姜粉、盐、白糖适量。

制作:

1. 牛骨入沸水锅中汆烫,捞出洗净。

2. 白萝卜去皮洗净、切成大块,洋葱剥除外皮。

3. 汤锅添适量水,放入牛骨、白萝卜、洋葱、干贝、八角,旺火煮沸,转小火煮 2 小时。

4. 将锅中的牛骨和蔬菜、辅料捞出,滤去调料渣,加入鱼露、黄姜粉、盐、糖调味即成。

牛棒骨菌菇汤

原料：牛棒骨 500 克，香菇、平菇、鸡腿菇、金针菇、蟹味菇各 50 克，枸杞、葱段、姜片、醋、盐、花椒各适量。

 制作：

1. 棒骨洗净后焯水，各种菌类洗净后撕或切成小块。

2. 砂锅添适量水，放入葱段、姜片、花椒，大火烧开后下入牛棒骨，淋入醋。

3. 再次烧开片刻，放入香菇，盖上锅盖，转小火煲 1.5 小时。

4. 加入其余各类菌菇，撒盐，继续煲 15～20 分钟。

5. 最后加入枸杞，稍煮即可。

二、禽　类

鲍鱼香菇鸡汤

原料：去皮、去油老鸡半只，碎鲍鱼片若干，香菇3～5个，姜片、盐各少许。

 制作：

1. 将鲍鱼片洗净；香菇泡软；老鸡洗净、用开水汆烫一下。

2. 大火烧一锅清水，水滚后将鲍鱼片、老鸡、香菇及姜片全部放入锅中，汤煮开后，撇去浮沫，随后转小火炖。

3. 炖2～3小时，至鲍鱼片滑软，加盐调味即可。

茶 树 菇 鸡 汤

原料：母鸡1只，鲜茶树菇150克，葱、姜、盐、黑胡椒粉适量。

制作：

1. 母鸡宰杀后除毛、去内脏、斩去脚爪和屁股，整只鸡入沸水中汆烫，去除血污，捞出冲净。

2. 鲜茶树菇掐根、洗净，放入温水中浸泡至透，除去杂质。

3. 生姜洗净切片儿，大葱洗净切段。

4. 将母鸡放入砂锅，加入姜片、葱段和适量清水，大火煮沸后改小火煲 1 小时。

    5. 捞出姜片、葱段，加入茶树菇，小火继续煲 1 小时。

    6. 出锅前加少许盐、黑胡椒粉调味即可。

红枣核桃乌鸡汤

> 原料：乌鸡 250 克，嫩红冬枣 5 颗，核桃仁 5 克，盐、姜片、葱花少许。

 制作：

    1. 乌鸡宰杀后去毛、内脏、腚尖，斩块焯水，用流水冲除血污；红枣、核桃仁洗净。

    2. 砂锅添适量水，放入精盐、姜片、乌鸡、红枣、核桃仁，煮沸后转小火慢煲。

    3. 至乌鸡熟烂，撒入葱花后关火即可。

家 常 鸡 片 汤

> 原料：鸡胸脯肉 150 克，香菇（鲜）50 克，火腿 25 克，鸡蛋 1 个（用蛋清），料酒、盐、胡椒粉、味精、玉米淀粉少许。

 制作：

    1. 将淀粉加适量水调制成湿淀粉，再将鸡蛋打入碗中，捞出蛋黄，把蛋清液与湿淀粉调成糊状。

    2. 将鸡胸脯肉切成薄片，置于器皿中，加入料酒、盐、胡椒粉、味精，淋上蛋清淀粉糊搅拌均匀，少量多次放入滚水锅内迅速汆烫，见肉色变白立即捞出，置于大汤碗中，另取出汆烫鸡脯的清汤约 500 毫升备用。

3. 将火腿、香菇切成 2 厘米大小的薄片，连同 500 毫升汆烫清汤一起放入锅内，加入剩余的盐、胡椒粉，大火将汤煮滚。

4. 开锅后关火，将汤汁迅速浇到放鸡片的大汤碗内即可。

米 汤 炖 鸡

> **原料：** 三黄鸡半只，淘米水 1500 毫升，料酒 150 毫升，姜片、盐各少许。

 制作：

1. 三黄鸡洗净、切块。

2. 将淘米水静置、澄清备用。

3. 淘米水放入砂锅，加入三黄鸡块烧开，清除浮沫后加入姜片、料酒，转小火炖至鸡肉软熟。

4. 出锅前加盐调味即可。

墨鱼干老鸡汤

> **原料：** 老母鸡 1 只，墨鱼干 1 片，生姜 25 克，胡椒粉、精盐各适量。

制作：

1. 墨鱼干用 40℃ 温水泡发 1 小时以上，全部泡软后剖开头，去内脏、鱼骨洗净，切成与墨鱼触须相近的长条备用。

2. 老母鸡宰杀后去毛、内脏、脚爪、腚尖，焯水去除血污。

3. 炖锅添入足量清水，放入老母鸡、墨鱼条，大火烧开后撇去浮沫，加入姜片、胡椒粉，调小火力让炖锅内始终保持微沸。

4. 煲 2～3 小时至老鸡熟软离骨时，加盐调味即成。

清 炖 乌 鸡 汤

原料：乌鸡 1 只（约 750 克），香葱 2 棵，生姜 15 克，料酒 20 毫升，盐少许。

 制作：

1. 乌鸡宰杀后去毛、内脏、脚爪和腔尖，整鸡洗净后焯水，再用流水冲净血污。

2. 香葱切段，老姜切片。

3. 把乌鸡放入砂锅，加入足量清水，大火烧开后撇去浮沫，加入料酒、香葱段、姜片，转为小火炖。

4. 约 2 小时至乌鸡软酥后，加盐调味即成。

荷 叶 乌 鸡 汤

原料：鲜荷叶 1 张，乌鸡 1 只，火腿 50 克，香菇 60 克，鸡油 20 克，精盐、料酒、胡椒粉、姜、葱各少许，骨头汤 2 500 毫升，时令绿叶菜适量。

 制作：

1. 将乌鸡宰杀，去毛、内脏及爪，放入开水锅中余一下；荷叶洗净切块，火腿切片，香菇水发后一切为二。

2. 将乌鸡、荷叶、姜、葱及各种调料放入压力锅中，倒入骨汤烧开，加压10分钟，冷后倒入砂锅中烧开，上桌时可配时令绿叶菜。

鸡 丸 清 汤

> 原料：鸡脯肉150克，鲜菜心50克，鸡蛋清100克（2个），上汤1250毫升，葱姜水50毫升，水淀粉25克，盐、胡椒面少许。

制作：

1. 将鸡脯肉去筋去皮、剁碎后捶捣成鸡蓉，将全部葱姜水和蛋清液、水淀粉、胡椒面以及精盐、分几次掺入鸡蓉，单向搅拌上劲（始终单向转动）。

2. 炒锅倒入250毫升上汤烧开，下入洗净的鲜菜心烫熟，捞出漂冷、沥干，平摊在汤碗中垫底。

3. 余下的上汤倒入锅中烧开，调至小火，保持汤沸，将鸡蓉挤成丸子轻放入锅，煮至全部浮起刚熟，即刻捞出盛入汤碗内。

4. 撇除汤锅中的浮沫，将汤盛入汤碗即成。

山药蘑菇土鸡汤

> 原料：散养土鸡半只，山药300克，杏鲍菇150克，黑木耳25克，枸杞5克，姜20克，精盐适量。

制作：

1. 将土鸡宰杀去毛、内脏、脚爪和腔尖后分劈为两半，取半只土鸡斩成小段；姜去皮洗净拍松。

2. 将鸡段、姜块放入砂锅中，加入足量清水，大火煮开后撇净浮沫，加盖小火煨 1.5 小时。

3. 黑木耳泡发洗净，杏鲍菇洗净切滚刀块，枸杞洗净，山药去皮洗净切滚刀块。

4. 煨至鸡肉用筷子轻戳即烂时，把准备好的山药、蘑菇、木耳、枸杞一起倒入砂锅中，大火煮开后转小火加盖继续煨 30 分钟，起锅前加盐调味即可。

松 茸 鸡 汤

原料：新鲜柴鸡半只，干松茸 10 枚，老姜 25 克，八角、精盐、葱花少许。

🍲 制作：

1. 柴鸡去鸡头、内脏、爪、腔尖，洗净血污，斩成小块。

2. 松茸用温水泡软洗净、切成段或片；老姜去皮洗净，拍松、切片。

3. 鸡块用清水加几片老姜浸泡 2～3 小时，每隔 30 分钟左右搓洗、挤干水分、换水浸泡，至水由浑浊变清澈为止。

4. 将鸡块凉水下锅，大火煮沸后撇沫。

5. 汤水撇清后，加入松茸、老姜和八角，盖上锅盖转小火慢炖 1 小时，至鸡肉酥烂。

6. 加盐调味，撒葱花即可。

萝 卜 土 鸡 汤

原料：土鸡半只（约 750克），萝卜 2 个（约 500 克），生姜 20 克，红枣 6 颗，盐适量。

制作：

1. 将土鸡去头、内脏、腚尖和爪洗净。

2. 将萝卜洗净，去皮切成滚刀块；生姜洗净去皮切片。

3. 将生姜皮和洗净的半只鸡一起焯水，水沸后煮 2 分钟，将鸡捞起，用流水冲净，沥水备用。

4. 将鸡和姜片一起放入汤煲内，加入足量清水，大火煮开后转小火炖 30 分钟。

5. 下入萝卜和红枣，继续炖约 20 分钟，至萝卜软烂、透明。

6. 加盐调味即成。

鲜 笋 土 鸡 汤

> **原料：**土鸡半只，鲜笋 300 克，大葱 30 克，生姜 20 克，枸杞 10 克，盐适量。

 制作：

1. 土鸡收拾干净焯水，捞出沥干。

2. 鲜笋洗净切片焯水，大葱切段，生姜切片，枸杞洗净。

3. 将半只鸡、笋片、葱、姜放入砂锅，添适量水，大火烧开，改小火炖 2 小时。

4. 至鸡肉酥烂、汤汁浓时，加入盐、枸杞子即可出锅。

香 菇 鸡 汤

> **原料：**土鸡半只，干香菇 50 克，生姜 15 克，花椒、盐适量。

制作：

1. 香菇用冷水泡发好，洗净沥干，泡香菇的水静置澄清备用。

2. 土鸡收拾干净，放砂锅中，添适量水，中火烧至沸腾，改小火煮，其间多次撇除汤中的杂质、浮沫。

3. 汤水清澈后加入姜片、花椒及澄清的泡香菇水，盖上锅盖小火炖1小时。

4. 加入香菇继续炖半小时，加盐调味即可。

金 针 鸡 汤

> **原料：** 鸡半只，金针菇150克，盐、酒、姜、香油各少许。

 制作：

1. 鸡剁成块，洗净血污后焯水。

2. 金针菇洗净、泡软，葱洗净切段。

3. 煲内添适量水，放鸡块、酒、姜片煮开，用小火煲30分钟。

4. 加入金针菇略煮，加盐调味，淋香油即可。

麻辣鸡丝萝卜汤

> **原料：** 鸡胸肉100克，胡萝卜150克，植物油25毫升，大葱、生姜各10克，大蒜2瓣，干辣椒片、玉米淀粉、料酒、胡椒粉、盐适量。

制作：

1. 鸡胸肉洗净切丝，放入碗中加料酒、胡椒粉、淀粉抓匀；胡萝卜洗净切中粗丝，大葱切葱花，生姜切丝，大蒜拍碎。

2. 炒锅注少许油烧至八成热，迅速起锅，浇入盛放在干燥小碗中的干辣椒片上，制成辣椒油备用。

3. 炒锅注其余植物油烧至七成热，下入葱、姜、蒜爆香，将抓过糊的鸡肉丝入锅炒至变色，加入胡萝卜丝炒软后添水烧汤。

4. 汤开5分钟后加盐、胡椒粉，关火、淋辣椒油即可。

西式鸡肉蔬菜汤

> **原料：** 鸡腿肉300克，红萝卜200克，芹菜150克，韭葱100克，洋葱1颗，鸡高汤1.5升，月桂叶3片，油、盐、胡椒各1大匙，酸奶1小匙。

 制作：

1. 鸡腿肉、红萝卜洗净切丁，芹菜、韭葱切小段，洋葱去皮切小片。

2. 起油锅，下鸡丁及洋葱炒5分钟。

3. 加入红萝卜、芹菜炒3分钟。

4. 接着加入韭葱、鸡高汤、盐、胡椒和月桂叶，盖盖慢火炖40分钟。

5. 起锅前加入酸奶，搅拌均匀即可。

鸡肉蔬菜汤

原料：土鸡半只，蘑菇8朵，土豆1个，番茄1个，卷心菜4大片，姜片、盐适量。

 制作：

1. 鸡收拾干净切块，放入沸水锅中焯透捞出。

2. 锅内添适量水，下入姜片和鸡块大火烧开，转小火炖40分钟。

3. 加入各种蔬菜一起炖20分钟，最后加入盐调味即可。

鸡肉豆腐蔬菜汤

原料：鸡肉300克，冻豆腐1块，凤尾菇100克，番茄、大白菜、洋葱各75克，姜片、盐适量。

制作：

1. 冻豆腐化开切成块。

2. 鸡肉洗净、切块，氽水捞起；凤尾菇、番茄、大白菜、洋葱洗净，分别切块。

3. 取锅添适量水，放入鸡块和姜片，大火烧开，转小火煮30分钟。

4. 加入其他食材，小火再煮20分钟，加盐调味即可。

油 菜 鸡 汤

原料：鸡腿 300 克，小油菜 150 克，姜 10 克，沙参 15 克，鸡高汤 2 000 毫升，枸杞子少许，白糖、盐适量。

 制作：

1. 鸡腿洗净、剁块，氽烫后冲净沥干。

2. 油菜掰开洗净，沙参泡好、洗净，姜去皮洗净、切片，枸杞子用温水泡软。

3. 锅中倒入鸡高汤，放入姜片、鸡腿块和沙参，大火煮沸后改小火煮 30 分钟。

4. 加入油菜再煮 5 分钟，最后加入白糖、盐调味，撒入泡好的枸杞子即可。

竹 荪 鸡 汤

原料：柴鸡 1 只，竹荪 6 条，枸杞 20 粒，老姜 6 片，葱白 3 段，胡椒粉、盐、香菜（或香葱）末适量。

制作：

1. 将柴鸡收拾干净斩成块。

2. 干竹荪用淡盐水浸泡 10 分钟左右，轻搓涮洗后剪掉蒂部白圈；枸杞浸泡于清水中。

3. 锅中放入足量的水，将鸡块凉水下锅，大火烧开 2 分钟后关火，捞出鸡块用流水冲净。

4. 砂锅中放入焯好的鸡块、泡好的竹荪以及姜片、葱段及适量水，大火煮开，改为小火煲 1 小时至鸡块熟烂。

5. 放入泡好的枸杞继续煲 5 分钟，加盐和胡椒粉调味即可。盛碗后撒入香菜末。

牛蒡莲子鸡汤

原料：老母鸡半只，牛蒡半根，莲子 15 颗，蜜枣 2 个，老姜 2 片，盐适量。

制作：

1. 将鸡收拾干净，砍成 3 大块，热水汆烫后备用。

2. 牛蒡削皮切成厚片，莲子洗净，老姜切片。

3. 将所有食材放入砂锅中，添适量水，大火煮开，转小火煮 1～1.5 小时。

4. 至鸡肉熟烂，加盐调味即可。

大 蒜 鸡 汤

原料：小土鸡半只，大蒜瓣 15～20 瓣，盐适量。

 制作：

1. 小土鸡收拾干净斩成大块，焯水后冲净沥干。

2. 大蒜剥皮后洗净。

3. 砂锅添适量清水，放入鸡块和蒜瓣，大火煮沸10分钟，转小火煲1个小时，加盐调味即成。

枸 杞 鸡 汤

> 原料：嫩鸡1只，枸杞子100克，黄酒50毫升，香油、色拉油各15毫升，姜丝、盐各少许。

制作：

1. 嫩鸡收拾干净，放在大碗中，加少许黄酒、香油和姜丝，搅拌均匀后腌渍备用。

2. 锅中注油烧热，放入腌好的鸡块，大火翻炒3分钟。

3. 至鸡皮紧缩、肉色微黄时，添适量水，加入枸杞、盐，大火煮20分钟至熟即可。

山药木耳鸡汤

> 原料：鸡大腿2个，山药1根，干木耳1把，姜片3片，葱花、料酒、盐适量。

制作：

1. 山药洗净切块，放入加有白醋的水中浸泡。

2. 鸡大腿洗净切块，氽烫一下去除血水，捞出控干。

3. 另锅添清水，倒入鸡块，加姜片和料酒，大火烧开，转中火煮20分钟，加入山药和泡好去根的木耳。

4. 中火再煮20分钟，最后加盐和葱花调味即可。

响 螺 乌 鸡 汤

原料：乌鸡1只，鲜（或水发）响螺10粒，枸杞15克，蜜枣2个，大红枣4粒，干香菇、排骨、姜、盐适量。

 制作：

1. 乌鸡收拾干净氽水，冲净切块；排骨氽水后剁小块。
2. 枸杞、香菇分别泡水。
3. 锅中添适量水煮开，下入姜、鸡块、红枣、切片响螺、排骨，炖2个小时后放入枸杞。
4. 再炖10分钟，加盐即可。

椰 子 响 螺 炖 鸡

原料：白条鸡1只，椰子1个，响螺片、枸杞子各适量，盐少许。

 制作：

1. 将鸡收拾干净，整只放入炖锅中。
2. 椰子剖开、取肉，与响螺片、枸杞子一起入锅，添适量水烧开，用小火炖1.5小时，加盐调味即可。

板 栗 煲 鸡 汤

原料：净鸡半只，板栗150克，香菇100克，盐适量。

制作：

1. 将鸡切件、氽水，板栗去壳。

2. 与香菇一起入锅，添适量水烧开，小火煮 2 小时，加盐调味即可。

菠菜板栗鸡汤

原料：鸡翅 200 克，栗子 100 克，菠菜 150 克，蒜 2 瓣，姜片、色拉油、料酒、精盐、老抽、烧汁各适量。

制作：

1. 鸡翅洗净、改刀，放入沸水锅中焯透。

2. 板栗煮熟，剥壳、去皮、取肉；菠菜洗净，用沸水烫一下。

3. 锅中注油烧热，爆香蒜瓣、姜片，下入鸡翅、栗子，淋入老抽、烧汁，炒至鸡翅上色，烹入料酒，添入适量清水煮开，小火焖至鸡翅、栗子熟烂后放入菠菜，加精盐，煮 2 分钟即可。

黄花菜板栗煲鸡汤

原料：鸡肉 300 克，板栗 6 个，黄花菜 20 克，枸杞、姜、盐各适量。

制作：

1. 鸡肉洗净切成块，黄花菜泡发好，板栗剥皮。

2. 锅内添适量清水，放入鸡、板栗和姜片，盖上锅盖，大火煲 10 分钟左右，转小火再煲 40 分钟。

3. 加入黄花菜和枸杞煮 15 分钟，加盐调味即可。

玉米板栗鸡汤

原料：鸡腿、翅膀各 1 个，板栗 10 个，玉米 1 根，姜片、葱段、盐各少许。

制作：

1. 将鸡腿和鸡翅洗净、斩段，放入煲中，添入足量的水，加入葱、姜，大火烧开，改小火炖 1 个小时。

2. 将玉米切段、板栗去壳，一起放入煲中，小火再炖 1 个小时，加盐调味即可。

猴头菇炖三黄鸡

原料：三黄鸡 400 克，水发猴头菇 100 克，莲子 15 克，陈皮 5 克，姜 10 克，盐、糖、胡椒粉少许。

制作：

1. 三黄鸡收拾干净斩块、氽水，猴头菇、莲子、陈皮洗净，姜切片。

2. 净锅添适量水，放入三黄鸡、姜片、莲子、陈皮、猴头菇，大火烧开后转小火炖 50 分钟，加盐、糖、胡椒粉调味即成。

猴头菇炖老鸡汤

原料：净老母鸡半只，猴头菇 50 克，怀山、枸杞子、党参、黄芪、盐各适量。

 制作：

1. 将猴头菇洗净，热水泡发备用。
2. 将半只老母鸡和所有药材一同入锅。
3. 添适量水烧开，用小火炖 2 小时，加盐调味即可。

乌鸡栗子红枣汤

原料：净乌鸡 1 只，板栗仁 150 克，红枣 15 颗，姜 1 小块，枸杞适量，盐少许。

 制作：

1. 温水浸泡红枣和枸杞 30 分钟。
2. 将乌鸡纵向从背部一切为二，放入冷水锅中，水开后捞出控干。
3. 砂锅中添半锅热水，放入焯过的乌鸡，加入姜片，大火烧开，转小火炖制。
4. 乌鸡炖半小时后加入板栗。
5. 再炖半小时后加入红枣和枸杞，20 分钟后加盐调味即可。

铁观音炖鸡汤

原料：净柴鸡1只，铁观音 25克，盐适量。

 制作：

1. 将净鸡斩件，氽水捞起冲净。

2. 取15克茶叶放入茶杯，淋入热水随即倒掉（洗茶）。

3. 将适量开水倒入大炖盅，放入鸡块和洗好的茶叶，隔水炖3个小时，调入适量盐。

4. 剩下的10克茶叶同样洗一下，冲入汤里即可。

十全大补乌鸡汤

原料：净乌鸡1只，西洋参 1根，灵芝2片，当归5片，黄 芪5片，红枣8粒，枸杞20粒， 香菇8个，桂圆肉6粒，甜玉米1 根，火腿肉2片，草果2粒，姜5 片，葱2节，黄酒3匙，盐适量。

制作：

1. 香菇用温水泡发后去蒂备用。

2. 乌鸡洗净放入砂锅，添适量水（没过整只鸡），大火煮开后，撇去血沫。

3. 加入西洋参、灵芝、当归、黄芪、红枣、枸杞、火腿肉、桂圆肉、香菇、草果、姜、葱、黄酒，大火煮开后，改小火炖1.5小时。

4. 玉米切成小段，放入锅中，再炖半小时，加盐调味即可。

鸡 肉 鲜 奶 汤

原料：鸡肉 200 克，洋菇 50 克，鸡蛋 2 个，细葱 1 根，西芹 1 根，奶油 50 克，面粉 1 茶匙，白汤 500 毫升，鲜奶油 100 毫升，盐适量。

制作：

1. 将鸡肉洗净，放入锅中煮熟，取出切粒；洋菇洗净、切末。
2. 将鸡蛋煮熟去壳后切碎。
3. 细葱洗净、切小段，西芹洗净、切末。
4. 将奶油放入锅中烧融，加入细葱慢火炒至香，再加入面粉炒至微黄，倒入白汤边搅拌边煮至均匀。
5. 加入鸡肉粒、洋菇粒、鸡蛋碎、鲜奶油、盐，小火煮约 15 分钟，盛出，撒上西芹末即可。

椰 奶 鸡 肉 汤

原料：无骨去皮鸡肉 300 克，植物油 25 毫升，罐装椰奶 1 罐，姜末 10 克，鱼露 50 毫升，新鲜青柠汁 50 毫升，辣粉 1 克，香葱丝 10 克，香菜碎 3 克。

制作：

1. 将鸡肉切成细条，下油锅里炒 2～3 分钟，至肉色变白。
2. 将椰奶和适量水倒在锅里煮沸，加入姜末、鱼露、青柠汁、辣粉，煮至鸡肉熟透。

3. 撒葱花和香菜即可。

鸡 肉 虾 汤

原料：鸡肉 300 克，虾仁 50 克，青椒、红椒、洋葱、柠檬汁、番茄、紫苏叶、鸡汤、番茄酱、黄油、面粉、盐、胡椒、蒜泥、葱花等各适量。

制作：

1. 鸡肉切成小粒，洋葱、青椒、红椒也切成小粒，番茄切成条，紫苏叶切成细末。

2. 用黄油煸香洋葱末、蒜泥，加入鸡肉粒、虾仁、青红椒粒、紫苏叶末、番茄酱翻炒，再加入番茄条炒香，倒入鸡汤，加盐、胡椒调味，烧沸。

3. 用黄油将面粉炒香成面浆，徐徐淋入鸡汤中，同时搅拌，使面浆化开、汤汁起稠。

4. 最后在汤中淋入柠檬汁，撒上葱花即可。

茶树菇无花果老鸭汤

原料：老鸭半只，茶树菇 50 克，无花果 20 克，枸杞 10 克，老姜 5 片，精盐适量。

制作：

1. 将茶树菇洗净，用温水浸泡 10 分钟，去蒂切成段。

2. 将无花果、枸杞分别洗净、泡水。

3. 将老鸭洗净斩成块，焯水后用流水冲净。

4. 汤锅内添适量水，将老鸭、茶树菇、无花果、姜片一起入锅，大火煮开后转小火慢炖。

5. 炖 2 小时后，将枸杞放入汤中，再炖煮约 10 分钟，加盐调味即成。

白果酸萝卜老鸭汤

原料：鸭 500 克，老姜 1 块，酸萝卜、酸菜、泡山椒、泡椒各 150 克，白果 25 克，盐、白酒、植物油、干辣椒、花椒各适量。

 制作：

1. 鸭肉洗净切大块，加入姜和白酒腌 20 分钟；酸萝卜切方块，白果去壳去薄膜。

2. 锅中注少许油烧热，爆香干辣椒和花椒，放入酸萝卜、酸菜、泡山椒和泡椒大火翻炒。

3. 加入鸭肉，继续用大火炒，炒至出油。

4. 将鸭肉和其他食材一并倒入砂锅中，添适量水煮沸，去除浮沫，用小火炖 1 个小时后，加入白果。

5. 小火再煮 40 分钟，加盐调味即可。

老鸭冬瓜汤

原料：新鲜老鸭半只，冬瓜 500 克，茨实、薏米各 20 克，荷叶（无亦可）、姜片、蜜枣、盐各适量。

制作：

1. 冬瓜去瓤、洗净，带皮切 2 厘米见方块；其他食材洗净，荷叶稍稍焯水，备用。

2. 老鸭收拾干净斩块，放入沸水锅中焯水捞出，用清水冲净。

3. 将老鸭、冬瓜、茨实、薏米、荷叶、蜜枣、姜片放入煲内，添适量清水大火烧开，转小火煲3个小时，加盐调味即可。

酸萝卜老鸭汤

原料： 老鸭半只，四川老坛泡酸萝卜6小块，野生干笋30克，金丝枣10粒，黑木耳8朵，花菇4朵，枸杞、黑胡椒、花椒各10粒，葱段、姜片、植物油、盐、胡椒粉各适量。

 制作：

1. 将老鸭收拾干净斩成大块，氽水后冲净沥干。

2. 泡酸萝卜切片，黑木耳、干笋用温水泡发，金丝枣、花菇、枸杞洗净。

3. 炒锅注油烧至五成热，下花椒和葱、姜爆香，放入鸭块大火爆炒，至皮紧缩、色微黄时，添入高汤或清水，加入金丝枣、黑木耳、花菇、干笋。

4. 大火煮开后，倒入深口的陶瓷煲内，转小火慢炖。

5. 炖约2小时至鸭肉熟烂，加盐、胡椒粉调味即成。

老鸭肚片汤

原料： 老鸭半只，猪肚200克，香葱3棵，生姜1块，植物油20克，料酒、胡椒粉、精盐少许。

制作：

1. 老鸭收拾干净切块，放入汤锅煮熟捞出，煮鸭块汤汁撇清浮沫备用。

2. 猪肚洗净、切片，煮熟，香葱洗净、切段，生姜洗净、拍松。

3. 炒锅注油烧热，爆香香葱段、生姜，倒入煮鸭块的汤汁，淋料酒，放入鸭块、猪肚，慢炖40分钟。

4. 最后加入精盐、胡椒粉调味即可。

海 带 鸭 子 汤

原料：土鸭半只，干海带100克，老姜20克，香葱2根，精盐、胡椒粉适量。

制作：

1. 将海带用温水浸泡6小时以上，洗净、切成长丝。

2. 鸭子收拾干净，切成块，焯水备用。

3. 炖锅中添适量水，放入鸭块、姜片，烧开后撇去浮沫，用小火炖1小时至鸭子熟烂。

4. 加入海带丝，继续用小火炖30分钟，撒入香葱末，加入精盐、胡椒粉调味即可。

鸭 架 白 菜 汤

原料：烤鸭骨架半只，白菜300克，黄花菜（干）50克，盐、白醋少许。

制作：

1. 将烤鸭骨架斩成小块，放入炖锅内，加入白醋及适量开水，盖好锅盖，用中小火炖半小时。

2. 黄花菜用温水泡发至软，掐去蒂端较硬的部分备用。

3. 白菜洗净，切成 3 厘米小段，再将每段顺纤维切成长条。

4. 见炖锅中的汤汁浓白，即加入白菜条、黄花菜，搅拌均匀，大火煮开片刻，随即撒入盐调味即可。

陈 皮 鸭 汤

原料： 鸭子半只，陈皮 10 克，瘦肉 50 克，盐、胡椒粉各适量。

 制作：

1. 将鸭子收拾干净焯水，切块；陈皮用水浸透后切丝，瘦肉切粒。

2. 锅内倒入适量矿泉水，放入鸭块、瘦肉粒，大火烧开，改小火炖 2 小时，加入陈皮丝，炖 20 分钟，加盐、胡椒粉调味即可。

萝 卜 老 鸭 汤

原料： 鸭子半只，萝卜 1 根，姜 3 片，盐、料酒各少许。

制作：

1. 鸭子收拾好斩件，入开水锅中焯去血水。

2. 萝卜切块，同焯好的水鸭及姜片、料酒、萝卜一起放入电炖锅中，煲 3 个小时即可。

3. 最后加盐调味即可。

笋干老鸭汤

原料：净鸭 500 克，笋干 100 克，姜、料酒、盐各适量。

 制作：

1. 鸭子洗净、斩块，焯烫后捞出洗净。
2. 笋干用清水浸泡 2 小时，洗净，焯烫。
3. 鸭块和笋干放入汤锅，添适量水，加料酒、姜，炖 1.5 小时。
4. 最后加盐调味即可。

芋头老鸭汤

原料：老鸭半只，芋头 400 克，陈皮 1 块，姜 3 片，盐适量。

 制作：

1. 将鸭子切块，氽水捞起。
2. 芋头洗净削皮；陈皮用清水泡软，刮去白瓤。
3. 锅中添适量清水，放入所有食材，大火煮沸，转小火煲 2 个小时，加盐调味即可。

白果老鸭汤

原料：鸭肉 400 克，白果 10 颗，桂圆干 5 个，老姜 5 克，盐适量。

制作：

1. 鸭肉洗净切成块，白果在水中浸泡后去掉壳和薄皮，姜切成大片。

2. 大火烧热炒锅（不放油），放入鸭块和姜片翻炒，炒至鸭肉水分收干，关火盛出。

3. 将炒过的鸭块放入炖锅中，倒入水（水没过鸭块），煮沸后将鸭块捞出，将水倒掉。

4. 炖锅中添适量热水，将煮过的鸭肉放入锅中，大火煮开，加入白果、桂圆干，改小火炖约 1 小时，调入盐即可。

川味酸菜老鸭汤

原料：鸭腿 2 只，川味酸菜 1 包，水发粉丝 150 克，盐、姜片、料酒、花椒各适量。

 制作：

1. 酸菜用清水泡半小时，去苦涩味。

2. 鸭子氽水、去腥味，下入炒锅，加姜片、料酒、花椒，大火烧开，10 分钟后转小火。

3. 加入酸菜，小火炖 1.5 小时。

4. 起锅前放入粉丝，加盐调味即可。

东北酸菜老鸭汤

原料：鸭子半只，东北酸菜 150 克，八角 1 瓣，盐、糖、葱、姜各适量。

制作：

1. 鸭子收拾干净剁成块汆水，酸菜切细丝，葱切段，姜切块。
2. 锅内添适量水，放入酸菜、葱、姜、八角。
3. 烧开后放入鸭子，小火炖 50 分钟。
4. 最后加入盐、糖即可。

酸 菜 鸭 架 汤

原料：烤鸭架子 1 副，酸菜 200 克，真空包装竹笋 1 包，油豆腐 100 克，姜 25 克，粉丝 2 把，盐、胡椒粉少许。

制作：

1. 将酸菜洗净后切片，粉丝泡软后截一刀，烤鸭架子剁块，竹笋切片，姜切丝，油豆腐对切，葱切段。
2. 锅中添适量水烧开，放入鸭架略煮，再放入酸菜、油豆腐、竹笋和姜煮 15 分钟，最后放入粉丝、盐和胡椒粉稍煮即可。

紫 菜 烤 鸭 汤

原料：烤鸭半只，紫菜、干木耳各 5 克，熟笋 10 克，葱段、姜片、黄酒、精盐、胡椒粉各适量。

制作：

1. 烤鸭斩成大块，木耳用温水泡发后择洗干净，熟笋切成片，紫菜撕成小片。

2. 净锅内放入烤鸭块、木耳、熟笋片、葱段、姜片、黄酒、精盐和适量清水，烧沸后撇去浮沫，用微火焖至烤鸭酥烂，拣去葱、姜，加入紫菜、胡椒粉搅匀即成。

虫草花老鸭汤

原料：老鸭半只，虫草花 10 克，红枣 10 颗，怀山 50 克，姜 1 小块，盐少许。

制作：

1. 将老鸭收拾干净后切掉鸭尾，然后切成小块，放入开水锅中汆烫，去除血水后捞出。

2. 将虫草花、红枣、怀山用清水浸泡后洗净，姜切成片。

3. 将全部食材放入煲内，添入足量清水，大火煮开，转小火煲 2 个小时，加盐调味即可。

土茯苓绿豆老鸭汤

原料：老鸭半只，绿豆 50 克，土茯苓 75 克，姜 3 片，陈皮、盐各少许。

 制作：

1. 土茯苓洗净、削皮、剁成大块。

2. 绿豆洗净，提前用清水浸泡；陈皮用清水泡软，姜去皮、切片；老鸭收拾好洗净，斩成块。

3. 锅注油烧热，下入姜片爆香，放入老鸭块大火煸炒，至鸭肉出油，盛出备用。

    4. 泡软的陈皮用刀刮去内瓤。

    5. 汤煲中放入鸭肉、土茯苓、绿豆、陈皮和姜片，添适量清水。

    6. 大火煮沸，撇去浮沫，转小火煲 2 小时，加盐调味即可。

香芋老鸭汤

原料：净老鸭肉 500 克，芋头 200 克，油菜心 150 克，火腿 50 克，香葱 3 棵，生姜 1 块，食用油 20 克，香油、料酒、高汤、精盐各适量。

制作：

    1. 老鸭肉洗净，投入沸水锅中焯一下，捞出切成块；火腿切片，香葱洗净打结，生姜洗净拍松，油菜心掰开洗净。

    2. 芋头去皮、切片，投入油锅中滑炒一下。

    3. 把鸭肉块、火腿片、高汤、生姜、香葱结、料酒和精盐放入砂锅，大火烧沸后改小火煮 2 小时，加入芋头片。

    4. 煨至鸭肉熟烂、汤汁乳白时，下入油菜心，淋入香油即可。

柴 把 鸭 汤

原料：鸭半只约 500 克，干香菇 6 朵，扁尖笋 50 克，熟金华火腿 10 克，胡萝卜 1/2 根，黑豆芽 50 克，香葱 3 棵，盐少许。

制作：

    1. 干香菇和扁尖笋分别用冷水浸泡 3 小时，均切丝；胡萝卜去皮，切成 4 厘米长的条；熟金华火腿切成 4 厘米长的丝；黑豆芽去根、洗净。

2. 鸭子收拾好洗净，放入锅中，添入足量水，大火煮开后撇去浮沫，调成小火，煮至鸭肉熟。

3. 将煮熟的鸭子捞出，拆下鸭肉，撕成 4 厘米长的条；香葱取绿色的部分，在鸭汤中烫软备用。

4. 将一份鸭肉丝、扁尖丝、金华火腿丝、香菇丝和胡萝卜条整理成一束，用烫软的葱叶捆扎成柴把状，整理成多束。

5. 砂锅中放入柴把、鸭架、浸泡香菇的水、鸭汤，大火煮开后调成小火煮 1 小时。上桌前将鸭架捞出，放入黑豆芽，加盐调味即可。

双 梅 鸭 汤

原料：净鸭半只，西梅 300 克，腌酸梅 8 粒，姜 2 片，盐适量。

🍲 **制作：**

1. 将净鸭斩件，氽水后捞起。

2. 西梅用盐和温水搓净表皮。

3. 锅中添适量清水煮沸，放入所有食材，大火煮 10 分钟，转小火煲 2 个小时，加盐调味即可。

酒酿冬笋老鸭汤

原料：净鸭半只，冬笋 100 克，鲜山楂、陈皮、酒酿等香料适量。

制作：

1. 将净鸭和冬笋分别焯水备用。

2. 将焯过水的鸭子切块，和山楂块、陈皮一起放入砂锅，添适量水，煮开后加冬笋，转小火炖1.5小时即可。

黑豆老鸭汤

原料：净鸭半只，黑豆60粒，姜片6片，西洋参6片，大枣2个，小葱2根，醋、盐、黄酒各适量。

制作：

1. 将鸭子洗净、切块，用醋水浸泡30分钟去除腥味。

2. 将水烧开，加入2片姜和少许黄酒，将鸭子焯后捞出。

3. 将黑豆放入无油的锅里小火炒到裂口。

4. 取砂锅添适量水，放入葱、姜、西洋参，鸭块、黑豆和黄酒，大火烧开5分钟后，转小火焖1小时，最后加盐调味即可。

金陵鸭血粉丝汤

原料：鸭血、鸭肠、鸭肝、鸭心各100克，山芋50克，鸭汤1 000毫升，山芋粉丝100克，香菜、盐、八角、花椒、葱、姜、胡椒粉各适量。

制作：

1. 鸭血切成小块，焯水，放在冷水中。

2. 鸭肝、鸭心在卤水中煮熟，切片；鸭肠烫熟，切小段。

3. 锅中倒入鸭汤，放入泡好的粉丝，2～3分钟即捞出盛入碗中。

4. 鸭血在鸭汤中烫透，捞出放粉丝上，再放上鸭肝、鸭心、鸭肠，浇上烫鸭汤，撒上胡椒粉、香菜等调料即成。

鸭 血 菠 菜 汤

原料：鸭血 150 克，菠菜 100 克，鱼干 75 克，枸杞子、盐、油、姜、葱各适量。

 制作：

1. 砂锅注油烧热，下姜片、葱段爆香后添适量水烧开。

2. 鱼干处理干净，放入砂锅中煮 15 分钟，捞去姜片和葱段。

3. 鸭血洗净、切片，入锅中煮熟，撇去浮沫。

4. 最后加盐调味，撒入菠菜段、枸杞子再煮 2～3 分钟即可。

鸭血豆腐粉丝汤

原料：鸭血 150 克，粉丝 100 克，豆腐 1 块，姜片、盐、白胡椒等各适量。

制作：

1. 粉丝用温水泡开，豆腐和鸭血切成均匀的小方块。

2. 汤锅中添适量水，放入姜片煮沸，将鸭血、豆腐、粉丝依次放入锅里，中火煮至再沸关火，加入盐、胡椒调味即可。

芹 菜 老 鸭 汤

原料：净鸭半只，芹菜 150 克，香菇 50 克，橘皮 10 克，酸枣 10 克，生姜 1 块，精盐适量。

制作：

1. 鸭子焯水；芹菜去叶洗净；橘皮、香菇用热水泡一下后洗净沥水；生姜洗净拍松。

2. 砂锅里添适量清水，放入鸭子、生姜，大火烧开后撇去浮沫，加入橘皮、香菇、酸枣，改用小火炖 2～3 小时至鸭肉熟烂，加入芹菜略煮，最后调入精盐即可。

金 针 炖 鸭 汤

原料：净鸭半只，金针 75 克，老姜 50 克，盐、米酒适量。

制作：

1. 鸭子剁小块，氽水后捞出备用。

2. 金针泡水至涨发，去蒂打结；老姜去皮、切片。

3. 将全部食材、调味料，放入电饭锅内，添适量水，按下"煮饭"键，煮至开关跳起即可。

鸭 肝 菜 心 汤

原料：鸭肝 150 克，油菜心 100 克，高汤 400 毫升，鲜香菇 2 个，姜 4 片，酱油、生粉、菜油、白胡椒粉、盐适量。

制作：

1. 将鸭肝洗净切成薄片，用酱油，生粉调匀；香菇洗净，切成片；油菜洗净，撕成碎片。

2. 将鲜香菇、姜、白胡椒粉、盐、高汤和适量水放汤锅里，大火烧开 5 分钟，加菜心再煮 2 分钟。

3. 炒锅注油烧至八成热，下入调好的鸭肝煎 2 分钟，至七成熟（肝片带一点红），铲出，沥去油，放入烧开的汤锅里，煮 2 分钟即可。

鸭血豆腐汤

原料：鸭血 1 块，豆腐 1 块，大蒜叶 25 克，食油、盐、味精、胡椒粉各适量。

 制作：

1. 鸭血、豆腐均切成小方块。

2. 锅内添入适量水，淋入食油开大火。

3. 水开后放入鸭血、豆腐继续煮沸。

4. 撒入盐、味精、胡椒粉及蒜叶末搅匀即可。

三 鲜 鹅 肉 汤

原料：净鹅 1/4 只，茶树菇 75 克，绿笋 50 克，姜、料酒、盐各适量。

制作：

1. 净鹅剁块，冷水下锅，加入姜和料酒，煮开后捞出洗净。

2. 另锅添适量水，放入鹅，加姜和料酒大火煮开，撇净浮沫。

3. 加入茶树菇、绿笋，大火再煮开，转小火煮半小时，加盐调味，继续煮半个小时即可。

土豆鹅肉汤

原料：鹅肉 500 克，胡萝卜 100 克，土豆 150 克，油、盐、葱段、姜片、蒜、花椒、料酒各适量。

制作：

1. 鹅肉去皮、剁块。

2. 锅内添适量水，加入料酒，烧开后下入鹅肉，焯去血水后捞出。

3. 锅中注油烧热，下鹅肉翻炒。

4. 加入花椒，添适量水煮开。

5. 50 分钟后，下胡萝卜、土豆。

6. 至胡萝卜和土豆熟透，加盐即可。

老鹅炖卤干

原料：净鹅半只，卤豆腐干 100 克，植物油、葱段、姜片、蒜瓣、香叶、八角、桂皮、料酒、酱油、糖各适量。

制作：

1. 将鹅洗净，斩成块，下入沸水锅中汆 2 分钟捞出；卤豆腐干改刀切块。

2. 炒锅注油烧热，下入葱段、姜片、蒜瓣、姜块、香叶、八角、桂皮煸香。

3. 下入鹅块稍煸，烹入料酒，加入酱油、糖，煸炒上色。

4. 添适量水，大火烧开，转小火炖半小时，再下入卤豆腐干炖半小时，盛入易于保温的器皿中即可。

啤 酒 老 鹅

原料：净老鹅半只，啤酒 1 瓶，海椒、花椒、八角、小茴香、桂皮、陈皮、郫县豆瓣酱、生姜、香葱、冰糖、精盐、酱油、豆油各适量。

 制作：

1. 老鹅洗净斩块，余水沥干。

2. 锅内注油烧热，下葱、姜、豆瓣酱炒香，放入海椒及所备调料，待老鹅煸至鹅皮紧缩，倒入啤酒。

3. 添水淹没鹅块，大火烧开，倒入砂锅内，放入冰糖、酱油，用小火煨烂，拣去香料，加精盐调味即成。

招 牌 鹅 公 汤

原料：清远老狮头鹅半只，广西特级玉竹头 100 克，湖南上等红莲 150 克，开平老陈皮皇 25 克，桂皮、香叶、草果、甘草、盐各适量。

制作：

1. 将鹅收拾干净去皮，斩成大块洗净，氽水捞出。

2. 红莲、老陈皮皇洗净；玉竹头洗净，切适中的片。

3. 瓦煲添适量水，烧开，放入全部调料及鹅块，用小火煲 3 小时，至鹅肉熟烂，加盐调味即可。

清 汤 滑 鹅 球

原料：净鹅脯肉 250 克，鸡蛋 4 个，香菇 25 克，熟火腿 50 克，油菜心 10 个，色拉油 1 000 毫升（约耗 100 毫升），料酒、葱、姜、干淀粉、胡椒粉、盐各适量，鹅汤 750 克。

制作：

1. 鹅脯肉用刀斜片成长 3 厘米、宽 2 厘米的片，用捣烂的葱、姜加入料酒和盐腌约半小时。

2. 鸡蛋去蛋黄，将蛋清用筷子打至发泡，加入适量干淀粉，调制成雪丽糊。

3. 锅中注油烧至五成热，把锅端离火口，将鹅肉逐片裹上雪丽糊，下入油锅炸熟（勿粘连成团），待表面凝固时捞出，放入温水氽过，制成鹅球，装入碗内，加入鹅汤和盐，上笼旺火蒸 15 分钟取出。

4. 香菇去蒂、焯水，火腿切薄片，油菜心洗净。

5. 锅内放入鹅汤、火腿片、香菇、油菜心和盐烧开，连汤倒入装有鹅球的碗内，撒上胡椒粉即成。

土豆萝卜鹅杂汤

原料：鹅脖、鹅掌各 100 克，土豆 2 个，红萝卜 1 根，蚝干、干瑶柱、姜片、盐适量。

制作：

1. 鹅脖、鹅掌治净；红萝卜、土豆洗净，去皮、切块；干瑶柱、蚝干用热水泡一下，去掉杂质沥干。

2. 所有食材放入煲内，添适量水，用慢火煲 2 个小时，加盐调味即可。

菠菜鸡肝粉丝汤

原料：鸡肝 150 克，菠菜 200 克，水发粉丝 100 克，油、盐适量。

制作：

1. 鸡肝清洗干净，多泡几个小时；菠菜洗净。

2. 锅中添适量水烧开，放入鸡肝，煮 3 分钟后加粉丝、菠菜，烧开 2 分钟后关火，撒盐调味即可。

白菜火腿鹅煲

原料：净鹅 750 克，大白菜 300 克，火腿 100 克，浓白汤、豆油、精盐、味精、姜、葱、鸭血、胡椒粉各适量。

制作：

1. 将鹅剁成块洗净余水。

2. 炒锅注油烧热，下葱、姜、风鹅略煸，添入浓白汤烧透后倒入砂锅中，转小火煲 1.5 小时，加入白菜（切成条）、火腿（切条）、鸭血（切块），煲 10 分钟，撇去浮沫，撒上盐、胡椒粉即可。

粉 条 鹅 肉 汤

原料：鹅肉 750 克，水发粉条 100 克，胡萝卜 200 克，红枣 6颗，油、盐、葱段、姜片、蒜瓣、八角、花椒各适量。

制作：

1. 鹅肉洗净，备用。

2. 胡萝卜洗净切成小块。

3. 汤锅添适量水，放入葱、姜、蒜、花椒、八角、红枣、鹅肉。

4. 大火烧开，改小火煮 40 分钟，加入胡萝卜块、粉条煮 10分钟、加盐调味即可出锅。

党参怀山鹌鹑汤

原料：净鹌鹑 1 只，党参 15克，怀山药 50 克。

制作：

鹌鹑、党参、山药洗净，一同放入锅内，添适量水，煮至鹌鹑熟即可。

香菇冬笋鹌鹑汤

原料：净鹌鹑肉 500 克，鲜香菇 75 克，冬笋 50 克，陈皮 10 克，大葱 20 克，姜 15 克，料酒、盐适量。

 制作：

1. 将鹌鹑洗净余水。

2. 香菇去蒂洗净切片，冬笋洗净切薄片，陈皮洗净切细丝，葱切段，姜切片。

3. 将鹌鹑放入砂锅内，上面放上香菇片、冬笋片、陈皮丝、葱段、姜片、淋入料酒，盖上锅盖，用小火煮 2 个小时，加盐调味即可。

鹌　鹑　盅

原料：净鹌鹑 1 只，花旗参、北芪、枸杞子、薏米、干葛、玉竹、枣等各少许。

制作：

1. 鹌鹑洗净；将花旗参、北芪、枸杞子、薏米、干葛、玉竹、枣等冲洗一下，用纱布袋包好。

2. 将药材包与鹌鹑一起放入盅里，再放入电砂煲里，盖好盖，开弱档，煲 4 小时即可。

银耳杏仁鹌鹑汤

> **原料：**鹌鹑肉 400 克，猪瘦肉 50 克，干银耳 25 克，苦杏仁、甜杏仁各 20 克，无花果 10 克，姜、盐少许。

 制作：

1. 银耳用清水泡发、洗净，苦杏仁、甜杏仁、无花果、姜分别洗净。

2. 瘦肉切厚片，沸水焯过；鹌鹑洗净，沸水焯过。

3. 将银耳、苦杏仁、甜杏仁、无花果、姜放入清水锅中煮沸，再放入鹌鹑及瘦肉，小火煲约 3 个小时，加盐调味即可。

鹌鹑银耳蘑菇汤

> **原料：**净小鹌鹑 1 只，鹌鹑蛋 5 颗，银耳 50 克，蘑菇 75 克，西红柿 100 克，料酒、精盐、胡椒粉各适量。

 制作：

1. 小鹌鹑洗净，用精盐、料酒腌制半小时。

2. 银耳用温水泡发，去蒂、撕成小朵；蘑菇洗净，撕成小片。

3. 鹌鹑放汤锅内，添适量水烧开，撇去浮沫，加精盐调味，小火炖至熟烂，取出放入汤碗中。

4. 原汤烧开，放入银耳、蘑菇、鹌鹑蛋、西红柿稍煮，撒入胡椒粉，浇入鹌鹑汤碗中即可。

粉葛玉米鹌鹑汤

原料：净鹌鹑 3 只，甜玉米 2 根，粉葛 1 根，马蹄、盐各适量。

 制作：

1. 将粉葛去皮、切大块，玉米切段，鹌鹑洗净焯水。

2. 将玉米、粉葛、马蹄、鹌鹑一起入锅，烧开后小火煮 1 小时，加盐调味即可。

黄花菜鹌鹑汤

原料：净鹌鹑 3 只，瘦肉 100 克，水发黄花菜 25 克，盐适量。

 制作：

1. 将鹌鹑洗净切块，瘦肉洗净切片。

2. 与黄花菜一起入锅，添适量水烧开，小火煮 1 小时，加盐调味即可。

无花果玉米鹌鹑汤

原料：净鹌鹑 3 只，瘦肉 1 块，无花果（干）4 只，甜玉米 1 个，胡萝卜半个，盐少许。

制作：

1. 鹌鹑洗净，去头、爪，每只斩成 4 块；瘦肉切块，放凉水锅里煮开捞出冲净浮沫。

2. 胡萝卜削皮切块，甜玉米切段，无花果洗净。

3. 全部食材放入汤锅，添适量清水。

4. 大火烧开，转小火煲 1.5 个小时，加放盐调味即可。

双裲响螺鹌鹑汤

原料：净鹌鹑 2 只，椰子 1 个，响螺肉、莲子、盐各适量。

 制作：

1. 将椰子去壳、切大块，鹌鹑氽水，响螺肉、莲子洗净。

2. 将所备食材，一起入锅，用小火煮 1.5 个小时，加盐调味即可。

枸杞怀山鹌鹑汤

原料：去皮净鹌鹑 2 只，干怀山 4 片，枸杞、姜片少许，盐适量。

 制作：

1. 将鹌鹑洗净，和怀山、枸杞、姜片一同入锅，添适量水，炖 1 小时。

2. 加盐调味即可。

怀山党参鹌鹑汤

原料：净鹌鹑4只，猪腱肉150克，党参75克，怀山100克，蜜枣1粒，姜片、盐少许。

 制作：

1. 鹌鹑洗净；怀山和党参提前泡20分钟。
2. 把所有食材放入汤煲，大火烧开，改小火煲1.5小时。
3. 加盐调味即可。

鹌 鹑 桂 圆 羹

原料：净鹌鹑2只，猪脊髓30克，桂圆肉50克，桂花3克，冰糖6克，料酒、葱、姜各适量。

 制作：

1. 将鹌鹑洗净，拆去骨架，切成丁，用开水氽透去腥味；将桂圆去壳取肉。
2. 将鹌鹑肉丁、桂圆肉、冰糖和少许料酒、葱、姜放入蒸碗中。
3. 将猪脊髓洗净后氽熟，捞出除去血筋切段，也放入碗中。
4. 添适量水，上蒸笼蒸烂，取出撒上桂花即成。

水 萝 卜 炖 鹌 鹑

原料：净鹌鹑2只，水萝卜1把，党参、黄芪、当归、葱、姜、花椒、盐各适量。

🍲 **制作：**

1. 锅中添适量水，放入鹌鹑烧开，撇去血沫，再放入葱、姜、党参、黄芪、当归、花椒，小火炖40分钟。

2. 水萝卜洗净切片，萝卜缨切碎。

3. 将萝卜片加入鹌鹑锅中稍煮，出锅前撒入萝卜缨，加盐调味即成。

翡 翠 鹌 鹑 煲

原料：净鹌鹑2只，山药200克，油菜心150克，鲜汤750克，葱段、姜片、料酒、色拉油、老抽、蚝油、精盐、白糖各适量。

🍲 **制作：**

1. 山药去皮、切滚刀块，鹌鹑焯水捞出。

2. 炒锅注油烧至六成热，下入山药，炸呈金黄色捞出。

3. 砂锅内放葱、姜、料酒、老抽、蚝油、鲜汤、鹌鹑，小火炖至鹌鹑八成熟。

4. 加入山药块、精盐、白糖，炖至鹌鹑熟烂，山药熟透。

5. 下入焯过的油菜心烧开即成。

银 耳 鹌 鹑 蛋

原料：鹌鹑蛋4个，水发银耳50克，冰糖25克。

制作：

1. 将银耳除去杂质、蒂头，撕成瓣；鹌鹑蛋煮熟去壳，冰糖打碎。

2. 将银耳放入锅内，添适量水，大火烧沸，改小火炖熟，加入熟鹌鹑蛋及冰糖即成。

雪耳鹑蛋汤

原料： 鹌鹑蛋10个，雪耳1朵，百合、桂圆肉、枸杞子各15克，莲子10克，冰糖适量。

制作：

1. 鹌鹑蛋煮熟去壳；雪耳洗净、去蒂，撕去周围黄色部分，用温水泡30分钟后撕成小块。

2. 把百合、莲子、枸杞子和桂圆肉洗净，放入瓦煲内，添适量水，浸泡1小时。

3. 锅内加入雪耳，大火煮开，转小火煲1小时。

4. 放入鹌鹑蛋和冰糖，再煮10分钟即可。

番茄鹑蛋汤

原料： 鹌鹑蛋8个，番茄1个约200克，樱桃番茄8个，鲜汤750毫升，鸡蛋1个，料酒、油、盐、白糖、白胡椒粉各适量。

制作：

1. 将鹌鹑蛋煮熟去壳，加料酒、盐腌 10 分钟备用。

2. 用煮蛋的开水将番茄及樱桃番茄烫一下，剥皮，将大番茄切成小丁，小番茄保留原形。

3. 鸡蛋打入碗里，加少许盐，搅打起泡。

4. 炒锅注油烧至六成热，倒入蛋液煎熟，然后用锅铲将蛋铲成碎块。

5. 锅内注少许油再烧热，下番茄丁炒 3 分钟，放入鸡蛋块、鲜汤、白胡椒粉、盐、白糖和鹌鹑蛋，煮片刻后加入樱桃番茄稍煮，装入汤碗即可。

双菇鹑蛋汤

原料：鹌鹑蛋 6 个，香菇 2 个，蘑菇 10 个，西洋菜 200 克，胡萝卜半根，油、盐、胡椒粉各适量。

 制作：

1. 将鹌鹑蛋煮熟剥壳；双菇及胡萝卜洗净切片，西洋菜洗净对切。

2. 将香菇、蘑菇、胡萝卜一同下油锅内，炒至七成熟，添入适量开水煮片刻，加入鹌鹑蛋和西洋菜再煮开，撒盐和胡椒粉调味即可。

灵芝红枣鹑蛋汤

原料：熟鹌鹑蛋 20 个，去核红枣 20 个，灵芝 20 克，藕粉、冰糖、白糖各适量。

制作：

1. 灵芝洗净、切片，与红枣一起放入锅内，添适量水，煮至灵芝出味、汁液浸入枣内，取出红枣。

2. 另锅添适量水，放入白糖、冰糖煮化，放入鹌鹑蛋、红枣煮透，用藕粉勾芡，翻匀即成。

冰糖鹌鹑百合汤

原料：鹌鹑蛋 6 个，鲜百合 25 克，陈皮 10 克，红枣 5 个，矿泉水、冰糖各适量。

 制作：

1. 红枣、陈皮洗净备用。

2. 锅中添适量水烧开，改小火轻轻放入鹌鹑蛋，煮熟后捞出去壳。

3. 另锅倒入矿泉水，放入红枣煮 10 分钟，再放冰糖煮融化。

4. 加陈皮煮 5 分钟，再加鲜百合、鹌鹑蛋煮 2 分钟即可。

红枣枸杞鸽肉汤

原料：净鸽子 1 只，红枣 8 枚，枸杞 10 克，龙眼干 20 克，北芪、党参、银耳、盐等各适量。

制作：

1. 将鸽子洗净，各种食材、药材洗净、泡好，一起放入炖盅，添适量水，加盐。

2. 高压锅中倒入适量水，放一块布在锅底，再放入炖盅。

3. 大火烧开，改中小火炖 30 分钟即可。

香菇山药鸽子汤

原料：鸽子 1 只，香菇 3 个，木耳 3 朵，山药半根，红枣 8 颗，枸杞少许，葱、姜、盐、料酒各适量。

制作：

1. 锅中添适量水，烧开，淋少许料酒，放入鸽子，焯一下捞出。

2. 砂锅添适量水烧开，放入姜、葱段、红枣、香菇、鸽子，转小火炖 1 个小时。

3. 山药削皮、切块，和枸杞、木耳放入锅中，小火炖 20 分钟，至山药酥烂，加盐调味即可。

人参当归炖鸽肉

原料：净雏鸽 300 克，人参 20 克，当归 20 克，枣（干）30 克，姜、盐少许。

制作：

1. 乳鸽洗净后氽水捞出。

2. 人参洗净、切片，红枣洗净、去核，当归、生姜洗净。

3. 把各料均放入炖锅，加沸水，慢火炖 1.5 小时。

4. 加盐调味即可。

北芪枸杞炖乳鸽

原料：净乳鸽 1 只，北芪 10 克，枸杞 15 克，姜 10 克，盐、胡椒粉少许。

 制作：

1. 乳鸽洗净、斩块、氽水，枸杞、北芪洗净，姜切片。

2. 锅中放入北芪、枸杞、姜片、乳鸽，添适量水，大火烧开，转小火炖 40 分钟，加盐、胡椒粉调味即成。

猴头菇炖乳鸽

原料：净乳鸽 300 克，猴头菇 100 克，姜片 10 克，盐、糖、胡椒粉各少许。

 制作：

1. 将猴头菇洗净，乳鸽洗净、斩件、氽水。

2. 锅中放入姜片、乳鸽、猴头菇，添适量水，大火烧开，转小火炖 50 分钟，加盐、糖、胡椒粉调味即成。

银耳菠萝乳鸽汤

原料：净乳鸽 2 只，银耳 2 朵，菠萝肉 100 克，精盐、葱姜汁、黄酒、清汤各适量。

制作：

1. 银耳洗净，撕成小朵；菠萝肉切成 1 厘米见方的丁。

2. 乳鸽洗净，入沸水锅烫透捞出。

3. 砂锅内放清汤、姜葱汁、黄酒，旺火烧开后下乳鸽、银耳，用小火炖 1 小时，放入菠萝肉，再炖 20 分钟，加精盐调味即成。

四 宝 鸽 肉 汤

原料：净仔鸽 1 只，莲子、桂圆肉、枸杞各 15 克，大枣 6 枚，盐、料酒、胡椒粉、鸡汤、葱、姜各适量。

 制作：

1. 将仔鸽洗净，切成小块，入沸水锅中焯透捞出，洗去血沫。

2. 将莲子、桂圆分别放入碗中，加少许水上笼蒸熟；枸杞、大枣洗净，葱切段，姜切片。

3. 将焯好的鸽肉放汤盆里，再放入莲子、桂圆肉、枸杞、大枣、清汤、葱段、姜片、料酒、盐、胡椒粉，上笼蒸 40 分钟取出，拣去葱、姜，将汤盆上桌即可。

乳 鸽 青 菜 汤

原料：净鸽子 1 只，青菜 50 克，葱 20 克，姜 15 克，盐少许。

制作：

1. 将鸽子洗净、氽水。

2. 葱、姜洗净，姜切成片，葱卷成结。

3. 将鸽子、葱、姜放入锅中，添入适量水，大火烧开，改小火煲 1 小时，最后放青菜稍煮，加盐调味即可。

豆苗鸽肉汤

原料：鸽子肉 200 克，豆苗 150 克，香油、香菜、精盐、葱、姜各适量。

 制作：

1. 豆苗洗净；鸽子肉洗净切小块，入沸水锅焯一下取出。

2. 砂锅添适量水，下入鸽肉、葱、姜，小火炖至鸽肉熟，撒豆苗、香菜末、精盐，淋香油即可。

怀山枸杞乳鸽汤

原料：净乳鸽 1 只，新鲜怀山 400 克，枸杞 1 把，生姜 1 块，盐适量。

制作：

1. 怀山削皮后切厚片、乳鸽洗净斩成 4 件，枸杞洗净，生姜削皮拍扁。

2. 把所备食材放汤锅里，添适量水，大火煮开，撇净浮沫。

3. 转小火煲 1 小时，加盐调味即可。

莲藕陈皮乳鸽汤

原料：净雏鸽 400 克，莲藕 300 克，大枣（干）6 个，陈皮、姜、盐少许。

 制作：

1. 莲藕洗净，切成均匀的大块；陈皮洗净；乳鸽洗净，用沸水烫过。

2. 姜洗净去皮、切片，红枣洗净去核。

3. 将乳鸽、莲藕、陈皮、红枣、姜放入开水锅中，慢火煲 1.5 小时，加盐调味即可。

大 枣 鸽 子 汤

原料：鸽子 1 只，大枣 6 枚，咸肉数片、盐、料酒、水发木耳、葱、姜、麻油各适量。

制作：

1. 鸽子活杀、收拾干净，切大块儿后放入锅内，添适量水，加入料酒、葱、姜，煮 40 分钟。

2. 再放入木耳、咸肉片、大枣，煮至鸽肉熟软。

3. 加盐调味，最后撒葱段、淋麻油即可。

莲子绿豆老鸽汤

原料：净老鸽 1 只，莲子 25 克，百合、绿豆、蜜枣、盐各适量。

制作：

1. 将老鸽切件、氽水后与莲子、百合、绿豆、蜜枣一起入锅，添适量水大火烧开后，改小火慢炖2小时。

2. 加盐调味即可。

银耳老鸽汤

原料：净老鸽1只，水发银耳100克，枸杞20粒，姜2片，盐适量。

制作：

1. 银耳去蒂、洗净沥干，枸杞泡软洗净，老鸽洗净，切大块。

2. 烧开适量清水，放入老鸽、枸杞和姜片，用小火煲约1小时至熟。

3. 加入银耳，再煲30分钟至汤浓，加盐调味即可。

土茯苓老鸽汤

原料：净老鸽1只，土茯苓250克，瘦肉100克，蜜枣2粒，盐适量。

制作：

1. 将土茯苓切片洗净；老鸽切成4块，焯水。

2. 一起入锅，添适量水烧开，小火煮2小时，加盐调味即可。

柠 檬 乳 鸽 汤

原料：净乳鸽1只，排骨 300克，柠檬半个，姜3片，盐 适量。

 制作：

1. 将乳鸽洗净斩大件，排骨洗净斩块，一起氽水，捞起备用。

2. 用盐和少许水揉搓柠檬表皮，然后冲净，取半个切片，去籽。

3. 锅中放入乳鸽、排骨，添适量水，大火煮20分钟，转小火煲1小时，加入柠檬片煲10分钟，加盐调味即可。

香菇枸杞乳鸽汤

原料：净乳鸽1只，大葱1根，水发香菇、枸杞、大枣、姜片、盐各适量。

制作：

1. 将鸽子用清水浸泡10分钟，用活水冲洗干净。

2. 香茹、枸杞洗净。

3. 砂锅添适量清水，投入鸽子、香菇、枸杞、姜、葱。

4. 大火煮开，转小火慢炖。

5. 炖50分钟后加入大枣，继续炖30分钟，加盐调味即可。

虫草竹荪炖乳鸽（康宁风味）

原料：净乳鸽 2 只，冬虫夏草 5 克，竹荪 15 克，江米酒、姜片、盐各少许。

 制作：

1. 乳鸽洗净焯水。
2. 将乳鸽、竹荪、冬虫夏草、姜片、江米酒一起放入锅内，添适量水盖好，开锅后小火慢炖 1 小时，加盐调味即可。

香菇豆干炖乳鸽

原料：净雏鸽 600 克，五香豆腐干 25 克，鲜香菇 100 克，八角、酱油、黄酒、盐少许，肉汤 750 克。

 制作：

1. 将鸽子洗净，沥干水分，整只用盐抹擦均匀备用。
2. 五香豆腐干切成片，香菇洗净切成片。
3. 将五香豆腐干、香菇片铺在砂锅底，放入鸽子、所备调料及肉汤烧开，用微火炖至鸽子熟烂即可。

当归桂圆炖鸽子

原料：净鸽子 1 只，当归、桂圆、枸杞、生姜、盐各适量。

制作：

1. 鸽子洗净，切分成 4 块，焯水备用。
2. 将鸽子及所备药材放入炖锅，小火煲 2 小时，加盐调味即可。

桑葚薏米炖鸽子

原料：净鸽子 1 只，新鲜桑葚 30 颗，薏米 50 克，姜 3 片，盐适量。

 制作：

1. 桑葚和薏米洗净。
2. 将鸽子洗净，汆水。
3. 煮沸适量清水，倒入大炖盅，放入所有食材，隔水炖 2 小时，加盐调味即可。

银 耳 鸽 子 汤

原料：净鸽子 1 只，水发银耳 25 克，姜片、醋、盐各适量。

 制作：

1. 银耳洗净，鸽肉洗净切成小块。
2. 锅内添适量清水，放入鸽子和姜片，用小火炖 40 分钟。
3. 加入银耳，再炖 30 分钟，加入盐和醋即可。

黄芪乳鸽汤

原料：净乳鸽1只，黄芪30克，调味料适量。

 制作：

1. 将乳鸽洗净焯水。

2. 将乳鸽和黄芪放入砂锅内，添适量水炖熟，加入调味料即成。

野菊花炖乳鸽

原料：净乳鸽2只，野菊花15克，葱、姜、绍酒、精盐各适量。

制作：

1. 乳鸽洗净焯水。

2. 放入砂锅中，加葱、姜、绍酒，添适量水，大火烧沸，改小火煲1小时，至鸽子酥烂。

3. 加入野菊花再煲10分钟，加精盐调味即可。

绿豆鸽子汤

原料：净乳鸽2只，蜜枣4个，绿豆25克，陈皮2片。

制作：

1. 乳鸽切块，焯水洗净。

2. 绿豆提前泡4小时。

3. 把所有食材放入汤煲，添适量水，大火烧开，改小火煲1个小时即可。

萝卜鸽肉汤

原料：净乳鸽1只，白萝卜100克，胡萝卜1/2根，姜片、葱丝、橙皮丝少许，精盐、料酒适量。

 制作：

1. 将乳鸽洗净、斩块，汆烫后备用。

2. 白萝卜、胡萝卜分别洗净切方块。

3. 烧开适量清水，下入鸽肉、姜片、料酒、白萝卜、胡萝卜、橙皮煲40分钟，加入精盐调味，撒入葱丝即可。

奶汤煲乳鸽

原料：净乳鸽300克，姜片25克，葱丝15克，奶汤1 500克，盐、糖、胡椒粉少许。

制作：

1. 将乳鸽斩块、汆水。

2. 锅中放入姜片、葱丝、奶汤、乳鸽，大火烧开后改小火煲30分钟，调味即成。

鹌蛋笋片鸽子汤

原料：净鸽子 1 只，鹌鹑蛋
10 个，笋 100 克，当归、参须、
黄芪、葱、姜、盐等各少许。

 制作：

1. 鸽子洗净汆水；葱、姜洗净切片。
2. 鹌鹑蛋煮熟去壳，笋洗净切片。
3. 砂锅中放入鸽子、葱、姜、当归、参须、黄芪，添入适量水，烧开后去浮沫。待鸽子煮至九成熟时，加入鹌鹑蛋和笋片。
4. 笋片熟后，撒盐调味即可。

黄花菜炖鸽心

原料：鸽心 4 个，干黄花菜
50 克，红枣 6 个，生姜、香油、
胡椒、淀粉、盐各适量。

 制作：

1. 将黄花菜、红枣用冷水浸泡、洗净，黄花菜系成结；鸽心切片，用盐、淀粉拌匀。
2. 将黄花菜结先放入砂锅煲，添入适量冷水，大火煮开。
3. 加入红枣及少许盐，煮 15 分钟后再加入鸽心片煮开，离火。
4. 淋入香油，调好味即可。

三、鱼　类

牛蒡鲫鱼汤

原料：净鲫鱼1条，牛蒡1根，鹌鹑蛋2个，香菇4朵，食用油、香葱、生姜、盐各适量。

制作：

1. 牛蒡洗净削皮、切滚刀小块；生姜切片，香葱洗净，香菇提前浸泡。

2. 炒锅注油烧热，将生姜片与香葱均铺在锅底。

3. 放入鲫鱼，小火煎3分钟后，翻身煎另外一面。

4. 添入开水，没过鱼身，盖上锅盖大火煮5分钟。

5. 放入香菇和牛蒡块，继续大火煮5分钟，加盐调味。

6. 放入煮熟去壳的鹌鹑蛋，撒上香葱即可。

萝卜鲫鱼汤

原料：活鲫鱼1条，白萝卜100克，橄榄油25克，盐、白胡椒粉、姜、香菜各适量。

制作：

1. 鲫鱼宰杀后去鳞、鳃、内脏，洗净后抹干表面水分。

2. 萝卜去皮、切丝，焯过。

3. 炒锅注油烧至六成热，将鲫鱼慢慢滑入锅中。

4. 中火将鱼煎黄后，翻面也煎黄。

5. 添入足量开水，大火煮10分钟，加入萝卜丝再煮2分钟。

6. 调入盐和白胡椒粉，撒上香菜即可。

辣 煮 鲫 鱼 汤

原料：净鲫鱼1条，青椒10只、姜、植物油、盐、紫苏末各适量。

制作：

1. 鲫鱼洗净、刮去内壁黑膜，姜切片，青椒切圈。

2. 炒锅注油烧热，下入鲫鱼，用中小火两面煎黄，添入适量水煮开。

3. 放入姜片和一多半的青椒圈，转小火加盖，煮至鱼汤发白。

4. 将之前放入的青椒圈捞出，放入剩下的青椒圈。

5. 略煮一会儿关火，撒入盐、紫苏末即可。

奶 白 鲫 鱼 汤

原料：小鲫鱼3条，嫩豆腐1块，葱、姜、蒜、香菜、盐各适量。

制作：

1. 鲫鱼收拾好洗净，控干水分。

2. 锅内注油烧热，下入姜、蒜炒香，放入鲫鱼，转小火正反面煎制。

3. 待鱼皮变黄，添入适量开水，转中火慢炖15分钟。

4. 加入嫩豆腐块继续炖5分钟。

5. 撒入盐、香菜、葱花即可。

豆芽鲫鱼汤

原料：净鲫鱼 2 条，豆芽 200 克，葱、姜、盐、油、胡椒粉、料酒各适量。

 制作：

1. 将鲫鱼洗净，豆芽洗净，姜切片。

2. 锅烧热，倒入油，将鲫鱼放入煎制。

3. 煎至鱼身金黄，将鱼翻个面，继续煎至另一侧鱼身至金黄色。

4. 将葱、姜片放入锅中，添入开水没过鱼身，淋入料酒。

5. 大火煮开后转中火，至汤色发白时加入豆芽，继续煮 5 分钟。

6. 最后调入盐和胡椒粉调味即可。

青菜豆腐鲫鱼汤

原料：净鲫鱼 200 克，豆腐 150 克，鸡汤 500 毫升，青菜叶 100 克，绍酒、姜、葱、盐各少许。

 制作：

1. 将鲫鱼洗净，豆腐切块，姜切片，葱切段。

2. 将酱油、绍酒、精盐在鲫鱼身上涂抹均匀。

3. 将鲫鱼放在炖盅内，加入鸡汤、姜片、葱段烧沸，再加入豆腐，用小火煮 30 分钟，下入青菜叶即成。

豆腐鲫鱼汤

原料：鲫鱼1条，韧豆腐1
块，姜片、葱末、香菜、绍酒、
盐各适量。

 制作：

1. 鲫鱼去除鳞、内脏、鱼鳃，洗净备用。
2. 锅里添水，放入鱼，小火炖至鱼肉熟。
3. 放入豆腐再炖10分钟，加入盐、姜片、葱末、香菜、绍酒调味即可。

红小豆鲫鱼汤

原料：鲫鱼1条，红小豆
100克，大葱2段，老姜片3片，
料酒15毫升，盐少许。

制作：

1. 鲫鱼去除内脏、鱼鳃和鱼鳞，洗净，加入料酒腌制10分钟。
2. 红小豆淘洗干净，放入锅中，添入适量水，大火煮开后转小火煮至七成熟。
3. 再放入鲫鱼、大葱段、姜片，大火煮开后，转中小火煮30分钟，加盐调味即可。

金针菇木耳鲫鱼汤

原料：鲫鱼 1 条，金针菇 150 克，水发黑木耳 25 克，葱花、姜片、料酒、油、盐各适量。

制作：

1. 将鲫鱼清理干净；金针菇去根，清洗后用盐水泡。
2. 热锅凉油，将鱼两面煎一下。
3. 鱼煎好后添入开水烧开，放入姜、葱、黑木耳，用慢火炖 10 分钟。
4. 再加入金针菇，稍煮，淋入料酒，加入葱花、盐调味即可。

鱼头豆腐汤

原料：鱼头 1 个，豆腐 1 块，葱段、姜片、辣椒、料酒、高汤、盐、油、醋各适量。

制作：

1. 豆腐切块，用热水焯一下，捞起后马上冲凉水备用。
2. 鱼头洗净、切块。热锅里注少许油，依次放入姜片、葱段和辣椒，最后下鱼头，将两面煎成金黄色后，加入豆腐，淋入料酒和醋。
3. 倒入高汤煮沸，小火炖 30 分钟，汤色发白时加盐调味，最后撒上葱花即可。

咖喱鱼头豆腐汤

原料：鲈鱼头 1 个，豆腐 3 块，盐、油、咖喱、姜、葱各适量。

 制作：

1. 鱼头劈成两半，洗净。
2. 葱切段，姜切丝。
3. 炒锅注油烧热，下入姜丝，放入鱼头煎至两面微黄。
4. 豆腐一切为四，放入锅中，添入适量水（没过食材），再放入姜丝和葱白段，烧开。
5. 中火烧 10 分钟后，放入咖喱块稍煮，最后撒入葱段、盐即可。

豆浆豆腐鱼头汤

原料：草鱼头 1 个，现榨黄豆浆 750 毫升，豆腐 250 克，香菜、姜丝、胡椒粉、盐、油、蒜头油适量。

 制作：

1. 将草鱼头洗净、斩块，加盐腌片刻；豆腐切片。
2. 油锅放入姜丝、鱼头，煎至金黄。
3. 倒入豆浆，下入豆腐煮 5 分钟，撒盐、胡椒粉，盛出，放上洗净的香菜，淋上蒜头油即可。

三文鱼头豆腐汤

原料： 三文鱼头 2 个，豆腐
1 块，番茄 2 个，白胡椒粉、油、
盐、小葱、料酒各适量。

 制作：

1. 小葱取嫩叶，清洗干净切段；豆腐切块。

2. 将三文鱼头剪去腮，冲洗干净，沥干水分；番茄洗净，切
成小块。

3. 烧热锅，注油，下入三文鱼头，煸至表面浅金色，添入适
量开水，淋入少许料酒，放入番茄块、豆腐块、葱段儿、加入盐和
白胡椒粉调味，用小火炖至汤汁变浓即可。

鱼头鱼尾豆腐汤

原料： 草鱼头 1 个，鱼尾 1
条，胡萝卜半根，冬菇 4 只，豆
腐 2 块，生姜 1 块，香菜 3 根，
油、盐适量。

 制作：

1. 胡萝卜、生姜削皮切片；冬菇清洗干净。

2. 汤锅里添适量水，放入胡萝卜、姜、冬菇，大火煮开。

3. 鱼头、鱼尾收拾干净，擦干水分，下入烧热的油锅里煎至
两面金黄。

4. 把煎好的鱼头、鱼尾放入汤锅里，大火煮开 5 分钟，转小
火煲 20 分钟。

5. 汤浓白，加入切成小块的豆腐煮 10 分钟。

6. 最后撒入香菜，加盐调味即可。

红豆鲤鱼汤

原料：鲤鱼 1 条（约 750 克），红小豆 100 克，小葱 3 根，生姜 1 小块，陈皮、食用油、白糖、料酒、盐各适量。

制作：

1. 红小豆洗净，提前至少 2 小时用纯净水泡上。

2. 收拾好鲤鱼，冲洗干净沥水，在鱼身两面斜着划上几刀，抹少许盐。

3. 炒锅注油烧热，迅速撒少许白糖，放入鲤鱼两面煎黄，出锅前烹入料酒。

4. 姜块拍开，小葱盘好，和陈皮、红小豆、煎好的鲤鱼放入砂锅中，添适量水，大火烧开后转小火，慢煲 2 小时。

5. 待汤水出香至浓，加盐调味即可。

杏仁蜜枣鲢鱼汤

原料：鲢鱼 1 条，杏仁 15 克，蜜枣 6 粒，生姜、盐各少许。

制作：

1. 鲢鱼收拾好洗净。

2. 杏仁、蜜枣与鲢鱼同放入瓦煲，添适量水，大火烧开，改小火煲 2 小时，加盐调味即可。

冬瓜鲢鱼汤

原料：鲢鱼1条，冬瓜400克，料酒、葱段、姜片、胡椒粉、盐、白糖各适量。

制作：

1. 将冬瓜去皮、瓤，洗净切薄块。

2. 将鲢鱼去鳃、鳞、内脏洗净与冬瓜块一同放入锅中，加入料酒、葱、姜、盐、白糖，添适量水，煮至鱼肉熟烂，拣去葱、姜，撒入胡椒粉即成。

参须红枣炖鲈鱼

原料：鲈鱼1条（约500克），参须30克，红枣10粒，姜3片，盐适量。

制作：

1. 先热锅，倒入油，下入姜片煎香，接着放入鲈鱼，煎至两面呈金黄色后起锅。

2. 取炖盅，放入煎好的鲈鱼及姜片，加入参须、红枣，添适量水，放入蒸锅中，小火炖2小时，最后加盐调味即可。

菊花鲇鱼汤

原料：鲇鱼1条，鲜菊花50克，鸡蛋1个，姜5克，大蒜10克，鸡汤400毫升，料酒、生粉、精盐适量。

制作：

1. 将鲜菊花洗净；鲇鱼宰杀后去鳞、鳃、内脏洗净，切成块，加精盐、料酒、生粉、蛋清腌制；姜去皮切片，大蒜去皮切片。

2. 炖锅内倒入鸡汤，大火烧沸，下入鱼块、姜、蒜，用小火煮熟后，加入精盐调味，撒上菊花即可。

冬瓜香菇鲤鱼汤

原料：香菇 50 克，冬瓜、鲤鱼各 500 克。

 制作：

1. 将冬瓜洗净切块。
2. 将鲤鱼除去鳞、鳃和内脏洗净。
3. 将香菇、冬瓜、鲤鱼共入砂锅内，添适量水煮熟烂，不加盐。

鱼 尾 黑 豆 汤

原料：草鱼尾 500 克，黑豆 100 克，红小豆 75 克，红萝卜 200 克，红枣 6 个，陈皮半个，姜 2 片，油、盐少许，腌料 1 份：盐半茶匙，酒 2 茶匙。

 制作：

1. 鱼尾去鳞，洗净后抹干水分，加入腌料腌 10 分钟。
2. 锅烧热油，爆香姜片，下鱼尾煎至两面黄。
3. 黑豆洗净后吹干，用慢火炒至豆衣裂开；红枣洗净去核，陈皮浸软、去瓤，红萝卜削皮后切块。

4. 锅内添适量水，放入各种食材，大火烧开 10 分钟，改慢火煲 2 个小时，加盐调味即成。

菠 菜 鱼 片 汤

原料：鱼片 200 克，菠菜 4 棵，葱 1 棵，高汤适量；

调味料 A：盐 1/2 小匙，色拉油 1.5 小匙，糖 2 小匙；

调味料 B：白胡椒粉 1 小匙，香油 2 小匙。

 制作：

1. 将菠菜洗净，切除根部，沥干，切成约 5 厘米长的段。

2. 将鱼片洗净，切成薄片，加入调味料 A 拌匀腌制 10 分钟；葱洗净切段。

3. 将高汤倒入汤锅中烧开，另起油锅爆香葱段，将葱段放入汤锅中，再依序放入鱼片、调味料 B、菠菜，煮熟即可。

银 鱼 菠 菜 羹

原料：新鲜银鱼 75 克，鸡蛋 2 个，菠菜 100 克，枸杞、姜丝、高汤、淀粉、油、盐各适量。

制作：

1. 将鸡蛋打散。

2. 蛋液在油锅中煎成薄蛋皮，切丝备用。

3. 起油锅，将洗好、切段的菠菜在锅中高火爆炒片刻。

4. 添入适量水，下入洗净的银鱼，勾上水淀粉。

5. 加盐、蛋皮丝、枸杞烧开即可。

扁 鱼 肉 羹

> 原料：扁鱼6尾，肉羹250克，笋丝50克，香菇丝25克，蒜末、香菜末、油适量，高汤6杯；调味料：盐2小匙，乌醋2大匙，酱油1/2大匙，胡椒粉2小匙，糖1/2大匙。

制作：

1. 炒锅注油烧热，放入扁鱼，爆酥至金黄色，盛起待凉后切细备用。

2. 炒锅注油烧热，放入蒜末、香菇丝爆香，随即倒入高汤，加入扁鱼末、笋丝、肉羹、调味料大火煮沸，改小火煲10分钟。

3. 淋入香油、撒入香菜即可。

白 菜 鲜 虾 汤

> 原料：虾100克，白菜150克，水发粉丝50克，葱、姜、油、盐、料酒各适量。

制作：

1. 炒锅注油烧热，下葱、姜爆香后放入虾，快熟时淋入料酒。

2. 放入白菜和粉丝，翻炒片刻添适量水，大火煮开后转小火。

3. 出锅前加盐调味即可。

冬瓜干贝汤

原料：小冬瓜半个，干贝 3 颗，冬菇 6 个，薏米 1 把，排骨（或瘦肉）250 克，陈皮 2 块，盐适量。

 制作：

1. 冬瓜去皮切成小块，薏米洗净，排骨汆水；冬菇用温水泡软去蒂；干贝泡软、搓丝；陈皮泡软。

2. 将所有食材放入煲内，添适量水，大火烧开 10 分钟，转小火煲 1 小时，加盐调味即可。

番茄海鲜汤

原料：番茄 1 个，鲜鱿鱼 100 克，猪骨汤 400 毫升，鸡粉、橄榄油各适量。

 制作：

1. 将番茄洗净、切块；鲜鱿鱼洗净，切花刀。

2. 锅中倒入猪骨汤，放入番茄和鲜鱿鱼，大火煮至鲜鱿鱼断生。

3. 加入鸡粉、橄榄油调味即可。

注：为求汤汁清淡，可以不加盐。

海鲜丝瓜汤

原料：鲜虾 100 克，丝瓜 1 根，浓汤宝半块，葱、盐、油各适量。

制作：

1. 虾去头、去虾线；丝瓜去皮，切滚刀块；葱切片。
2. 锅烧热，注油，下入葱爆香，放入丝瓜和虾煸炒。
3. 添适量水，加入浓汤宝煮15分钟，撒入盐调味即可。

鸡 丝 海 参 汤

原料：水发海参75克，熟鸡脯肉100克，酱油、葱、姜、湿淀粉、料酒、精盐、葱油、植物油、清汤各适量。

制作：

1. 熟鸡脯肉切细丝，海参洗净切丝，葱、姜洗净切末。
2. 炒锅注油烧热，下入葱、姜炝锅，放入酱油、料酒、清汤、海参丝、鸡肉丝烧沸至入味，用湿淀粉勾芡，加入精盐调味，淋入葱油即成。

鲍 鱼 鸡 汤

原料：鲍鱼6个，嫩鸡1只，小里脊肉1条，金华火腿2片，香菇8个，干贝3个，枸杞15克，盐、米酒适量。

制作：

1. 鸡、瘦肉均洗净，氽烫去血水后捞起；干香菇、枸杞清洗干净。
2. 砂锅添适量水烧开，放入整只鸡和瘦肉、鲍鱼、金华火腿片、干贝、香菇、枸杞。

3. 盖盖，大火煮沸，改小火焖 3 小时。

4. 最后加盐和米酒调味即成。

鸡蛋虾仁豆腐汤

> **原料：**虾仁 75 克，豆腐 1 块，鸡蛋 1 个，白菜心 100 克，八角、盐、葱末、花生油各适量。

制作：

1. 虾仁提前 1 小时用温水泡好备用；豆腐切小片，白菜心切细丝，鸡蛋打散。

2. 锅内注少许花生油，放入八角，随油一并加至七八成热时，下入白菜丝爆炒片刻。

3. 添入适量热水，加入豆腐片、虾仁、盐，中火烧 15 分钟，至汤浓呈乳白色，把打散的鸡蛋液均匀淋入汤内，慢慢搅拌。

4. 待汤再次烧沸，马上关火，撒入葱末盛出即可。

木 耳 扇 贝 汤

> **原料：**扇贝丁 50 克，木耳 50 克，鸡蛋 1 个，盐、韭菜末各适量。

制作：

1. 木耳提前 2 小时泡好，去蒂，撕成适中的片；扇贝丁洗净。

2. 锅内添适量水烧开，加入木耳片、扇贝丁、盐，盖盖烧开。

3. 5 分钟后淋入搅拌好的鸡蛋液，轻轻搅匀，待汤再次烧开，关火，撒入韭菜末即可。

清 汤 鲍 鱼

原料：清汤鲍鱼（罐头）250克，熟火腿25克，鲜蘑50克，豌豆苗15克，鸡清汤750克，盐、料酒适量。

制作：

1. 将鲍鱼切成斜片，鲜蘑切薄片，熟火腿切小象眼片，豌豆苗去根、洗净。

2. 将鸡清汤300克倒入锅内，旺火烧开，下入熟火腿片、鲜蘑片、鲍鱼片和豌豆苗煮透捞出，倒入若干汤碗中。

3. 将余下的鸡清汤倒入锅内，加盐、料酒调好口味，撇去浮沫，倒入各个小汤碗中即成。

虾仁冬瓜汤

原料：鲜虾25克，冬瓜300克，香油、精盐各适量。

制作：

1. 将虾去壳、虾线洗净，沥干水分。

2. 冬瓜洗净，去皮、瓤，切成小骨牌块。

3. 虾仁随适量凉水入锅，煮至酥烂时加冬瓜同煮，至冬瓜熟，加盐调味，盛入汤碗，淋上香油即可。

鲜虾菌菇汤

原料：明虾150克，菌菇300克，豆腐1块，胡萝卜50克，油、盐、香菜各适量。

🍲 **制作：**

1. 将菌菇洗净切块，香菜洗净切段，豆腐切块，胡萝卜洗净切小片。

2. 炒锅注油烧热，下入菌菇翻炒，炒至菌菇出水，添适量开水，加入豆腐和胡萝卜，大火煮 5 分钟后，再加入明虾，烧至变色，加盐调味，关火撒入香菜即可。

竹 笋 海 鲜 汤

原料：鲜虾 100 克，鲜竹笋 300 克，白菜 150 克，盐适量。

🍲 **制作：**

1. 将竹笋切成小段，鲜虾焯水，白菜切成小片。

2. 锅中添适量水，大火煮沸，下入竹笋和白菜。

3. 再次煮沸后，转小火焖 5 分钟，加入鲜虾、盐即可。

丝 瓜 鱼 片 汤

原料：草鱼腩 250 克，丝瓜 1 根，姜丝、水淀粉、葱花、盐、料酒、胡椒粉各适量。

🍲 **制作：**

1. 草鱼腩用刀片成鱼片，加入除葱花以外的所有配料，抓匀拌至上浆，腌制 10 分钟。

2. 丝瓜洗净、去皮，切成片。

3. 锅里添适量水，烧开，放入丝瓜、姜丝及腌制好的鱼片，轻轻用勺子推匀，再煮开片刻即可。

酸 辣 鱼 片 羹

原料：净鱼片 250 克，水发黑木耳片 50 克，青、红辣椒各 1 个，高汤 400 毫升，鸡蛋 1 个（取蛋清），植物油、姜片、料酒、干淀粉、酱油、胡椒粉、醋、盐适量。

制作：

1. 将鱼片拌入料酒、干淀粉及蛋清，腌渍 10 分钟；青、红辣椒均洗净，去蒂及籽，切成丝。

2. 油锅烧热，放入鱼片滑散至白色时捞出，沥油。

3. 原锅留底油烧热，下入姜片爆香，倒入高汤、放入黑木耳片煮沸，加入鱼片、青辣椒丝、红辣椒丝煮熟，加酱油 1 大匙、胡椒粉 1 小匙、醋 3 大匙、盐调味即可。

酸 汤 鱼

原料：黑鱼 750 克，泡酸菜 100 克，泡红辣椒 25 克，泡仔姜、葱花各 15 克，肉汤、色拉油各 500 克，花椒、蒜、精盐、料酒各适量。

制作：

1. 将鱼两面各切 3 刀，酸菜攥干水分切成细丝，泡红辣椒剁碎，泡姜切成粒。

2. 炒锅注油烧至六成热，放入鱼炸呈黄色时捞出。

3. 锅内留少许油，放入泡红辣椒、姜、葱花爆香，添入肉汤，将鱼放入汤内。

4. 汤沸后改小火，放入泡酸菜，烧约 10 分钟即可。

酸 菜 鱼

原料：鲤鱼1条（约1 000克），陈年泡青酸菜250克，泡辣椒末25克，鸡蛋清1个，植物油250克，汤1250克，胡椒粉、料酒、花椒、姜片、蒜瓣、精盐各适量。

制作：

1. 将鲤鱼去鳞、鳃、内脏洗净，片下两扇鱼肉，劈开鱼头；泡青酸菜洗后切段。

2. 炒锅注油烧热，下入花椒、姜片、蒜瓣炸出香味，倒入泡青酸菜煸炒，添汤烧沸，放入鱼头、鱼骨大火煮，撇去汤面浮沫，加入料酒、精盐、胡椒粉。

3. 将鱼肉斜刀片成连刀鱼片，加入精盐、料酒、鸡蛋清拌匀，使鱼片均匀地裹上一层浆。

4. 锅内汤汁熬出味后，把鱼片抖散入锅；另锅注油烧热，下泡辣椒末炒出味，倒入汤锅煮3分钟即成。

杂 豆 鲫 鱼 汤

原料：鲫鱼1条，黑豆150克，红芸豆100克，花生75克，盐适量。

制作：

1. 将鲫鱼去鳞、鳃、内脏，洗净。

2. 黑豆、红芸豆、花生清洗干净。

3. 砂锅中，将鲫鱼、黑豆、红芸豆、花生一同放入，大火烧开。

4. 转小火，煲2小时，加盐调味即可。

竹笋木耳鳗鱼汤

原料：净鳗鱼 300 克，绿竹笋丝 75 克，黑木耳丝 50 克，红萝卜丝 50 克，金针菇 25 克，葱末、蒜末各 10 克，高汤 1 200 毫升，淀粉、香菜少许，油适量；

调料 A：盐 1/2 大匙，糖 1 大匙；

调料 B：乌醋 1 大匙，胡椒粉 1 小匙，香油 1 小匙，米酒 1 大匙，葱段、姜末少许，酱油 1/2 大匙，盐 1 小匙，太白粉 2 大匙。

制作：

1. 将鳗鱼洗净，切成 3 厘米长的条，加米酒、葱段、姜末、酱油和盐搅匀，腌渍 10 分钟后，裹上薄薄一层淀粉。

2. 将鳗鱼汆烫约 2 分钟后捞起；将绿竹笋丝、黑木耳丝、红萝卜丝和金针菇汆熟后捞起。

3. 炒锅注油烧热，下葱末、蒜末爆香，放入高汤、绿竹笋丝、黑木耳丝、红萝卜丝和金针菇，加入调味料 A 和鳗鱼煮约 2 分钟，用淀粉水勾芡。

4. 食用前加入调味料 B 搅匀，撒入香菜即可。

竹笋香菇鱿鱼汤

原料：泡发鱿鱼 100 克，竹笋 50 克，泡发香菇 25 克，红萝卜 25 克，盐、白胡椒粉、水淀粉、香油适量，大骨高汤 500 毫升。

制作：

1. 泡发香菇、竹笋及红萝卜切丝，泡发鱿鱼切条。
2. 分别汆烫后沥干。
3. 取汤锅，放入大骨高汤及所备食材，加入盐、白胡椒粉。
4. 汤沸后转小火煮片刻，用水淀粉勾芡，淋上香油即可。

丝 瓜 鳅 鱼 汤

原料：活泥鳅 200 克，丝瓜 1 条，盐、油、胡椒粉、姜丝、料酒适量。

 制作：

1. 将泥鳅鱼放在清水中待其吐尽泥沙。
2. 锅里倒入水，放泥鳅，加盖，烧小火，至鳅鱼不能游动了关火，把泥鳅表面的黏液冲洗干净。
3. 炒锅注油烧热，先放盐和姜丝，再放入泥鳅煎至焦黄，倒入适量开水和料酒，煮出奶白色的汤后加入切好的丝瓜，出锅前撒胡椒粉即可。

绿豆芽菠萝鱼汤

原料：三文鱼 100 克，鲈鱼 50 克，海白虾 3 只，绿豆芽 50 克，香芹 1 根，圣女果 4 个，鲜菠萝半个，香菜 1 根，香葱 2 根，大蒜 1 头，鱼露 10 毫升，辣酱 5 毫升，胡椒 5 克，盐、白糖、油、鱼高汤适量。

制作：

1. 将各种菜洗净，芹菜切斜片，菠萝切 3 厘米边长的三角片，圣女果一切两半，香葱、香菜切小段，三文鱼、鲈鱼切 1 厘米见方的大丁；虾去头、去皮，破开虾背备用。

2. 小火烧热炒锅中的油至四分热，放入蒜末炒出香味，盛出晾凉。

3. 将鱼高汤倒入锅内煮开，放入鱼丁、芹菜片、菠萝片，调入盐、胡椒，煮出海鲜味后放入辣酱、白糖、圣女果、虾，虾变红后放入绿豆芽稍煮关火，装入汤盆后撒入煎过的蒜末、香菜和香葱。

豆芽青口汤

原料：青口 150 克，豆芽 200 克，洋葱、植物油、大蒜油、麻油、盐、料酒各适量。

 制作：

1. 将青口放入盐水中浸泡 10 分钟，豆芽放入清水中浸泡 10 分钟去根。

2. 热锅热油，下入洋葱和大蒜，炒香后放入青口炒至刚开口，加盐和料酒。

3. 添适量水烧开片刻，放入豆芽，煮熟后加入葱、盐和麻油即可。

蛤蜊豆腐汤

原料：蛤蜊 250 克，豆腐 200 克，咸火腿肉 1 大片，葱 1 根，姜 2 片，高汤 500 毫升，盐、白胡椒粉适量。

制作：

1. 蛤蜊用冷水淘洗几次，放入加有少许麻油的清水中静置 2 小时，待其吐净泥沙。

2. 热锅，把培根肉切小块放入锅中煸出香味，再放入葱、姜一起爆香（不用放油，培根本身会有少许油渗出）。

3. 倒入高汤大火，放入切块的豆腐煮开。

4. 片刻后放入蛤蜊，中火加盖煮 5 分钟，最后调入盐和白胡椒粉即可。

韭 菜 虾 仁 汤

> **原料：** 虾 200 克，韭菜 100 克，鸡蛋 1 个，香油、淀粉、盐适量。

制作：

1. 韭菜洗净，切约 3 厘米长的段。

2. 虾洗净（买回后最好先放冰箱急冻室冻半小时，好剥壳），轻轻把头掰下，把虾线拔出，接着剥壳，剥好的虾肉用淀粉抓匀后用水冲净，重复一次（这样虾肉较爽滑）。

3. 把鸡蛋磕到碗里搅匀，加入虾仁、淀粉、适量盐拌好备用。

4. 锅里添适量水煮沸，倒入虾仁蛋液，煮至刚熟，放入韭菜，稍煮加适量盐和香油即可。

荸 荠 海 蜇 汤

> **原料：** 海蜇皮 100 克，荸荠 150 克，黄瓜 1 条，盐、香油各适量。

制作：

1. 海蜇皮洗净浸泡，荸荠去皮、切片，黄瓜切条。

2. 锅中添适量水，放入海蜇皮和荸荠片，中火煮沸10分钟。

3. 加入黄瓜条，稍煮后加盐调味，淋上香油即可。

番茄紫菜鱼丸汤

> **原料：**鱼圆150克，番茄1个，鸡蛋1只，生菜50克，紫菜、玉米淀粉、盐、胡椒粉、香葱、生姜、玉米油、香油、蒸鱼豉油、香醋各适量。
>

 制作：

1. 番茄洗净切块，生菜洗净，紫菜剪碎，香葱洗净切碎，生姜去皮切片。

2. 炒锅烧热注油，下入姜片小火炸香。

3. 转中火，放入番茄煸炒，炒至番茄出汤，再放入鱼圆炒匀。

4. 添入适量热水，微开时加蒸鱼豉油调味，淋入适量香醋。

5. 玉米淀粉加适量清水调匀勾芡；将鸡蛋打散，沿锅边慢慢淋入锅中，成鸡蛋花；将生菜撕碎放入锅中，再将紫菜放入锅中，加盐调味。

6. 最后加入胡椒粉、香油，关火，撒入香葱碎搅匀即可。

白萝卜鱼丸汤

> **原料：**鱼蓉250克，白萝卜1个，姜1块，小葱少许，盐、香油各适量。
>

制作：

1. 白萝卜去皮洗净切粗条，姜去皮洗净切片。

2. 锅内添适量水烧开，放入白萝卜、姜片，盖盖煮15分钟。

3. 戴上一次性手套，蘸上水，把鱼蓉放手掌上捏光滑，从虎口挤出鱼丸，下入白萝卜汤里。

4. 煮至鱼丸熟透，加盐调味即可。

平菇鱼丸汤

> **原料：** 鱼丸 200 克，平菇 150 克，盐、香油、香菜各适量。

制作：

1. 平菇洗净撕成小块。

2. 锅中添水烧开，放入鱼丸和平菇。

3. 大火烧开片刻，鱼丸和平菇浮起，加盐、香油和香菜即可。

鱼丸杂菇煲

> **原料：** 鱼丸 100 克，鱼头汤 1 000 毫升，白玉菇 150 克，口蘑 100 克，金针菇 50 克，嫩豆腐 1 盒，西芹 1 根，葱 2 根，姜 2 片，盐适量。

 制作：

1. 豆腐切成小块，鱼丸用水冲洗一遍。

2. 鱼头汤烧开，放入姜片、豆腐、鱼丸。

3. 各种菇洗净，西芹和葱切段。

4. 鱼丸煮至浮起后，放入各种菇继续烧开片刻，最后放入葱和西芹，加盐调味即可。

冬瓜鱼丸汤

原料：鱼丸 150 克，冬瓜 100 克，葱、姜、白胡椒粉、盐、白糖各适量。

制作：

1. 葱切段，姜切末，冬瓜去皮切小块。

2. 鱼丸对半切开。

3. 锅里添适量水，放入冬瓜、姜末、鱼丸煮片刻，加白胡椒粉、盐、白糖、葱段即可。

菠 菜 鱼 丸 汤

原料：鱼丸 100 克，菠菜 300 克，胡萝卜 1 根，盐、橄榄油各适量。

制作：

1. 菠菜择洗净焯过，胡萝卜切片。

2. 锅内添适量清水，放入鱼丸和胡萝卜煮开片刻，再放入菠菜。

3. 加入盐，滴入橄榄油即可。

黑豆鲫鱼汤

原料：净鲫鱼1条，黑豆50克，姜、油、盐各适量。

 制作：

1. 热锅热油，放入洗净控干的鲫鱼，炸至鲫鱼微黄。
2. 添适量清水，加入姜和黑豆，大火煮10分钟。
3. 转小火煲1个小时，加盐调味即可。

鲜菇鲈鱼汤

原料：净鲈鱼1条，鲜菇75克，姜、蒜、香菜、色拉油、盐、白糖各适量。

制作：

1. 鲈鱼洗净，沥干水分，切成大块。
2. 姜蒜切片，香菜切段。
3. 炒锅烧热，注油，放姜、蒜炒出香味。
4. 放入鱼块，两面炒至变色，加入料酒、盐、白糖及适量水煮开，转中小火。
5. 加入鲜菇再煮片刻，撒入香菜段即可。

四、 蔬菜菌菇类

火腿玉米羹

原料：甜玉米粒 50 克，火腿 30 克，鸡蛋 1 个，火腿玉米羹汤料 1 包，新鲜菜叶少许。

制作：

1. 将适量水倒入汤锅中，加入火腿玉米羹汤料，搅拌均匀。
2. 大火煮沸，转小火煮 3～4 分钟，不停搅拌。
3. 打入蛋花，撒入洗净撕碎的新鲜菜叶，稍煮即可。

番 茄 芹 菜 汤

原料：番茄 2 个，芹菜 50 克，高丽菜、胡萝卜各 100 克，姜片 10 克，鸡汤块 1 块，番茄酱、盐、葱末、姜末、蒜头、辣椒、香菜各适量。

制作：

1. 将番茄氽烫后去皮、切块，芹菜洗净去叶、切小段，高丽菜洗净切块，胡萝卜去皮切块。
2. 将姜片、所备蔬菜放入锅中，添适量水。
3. 加入鸡汤块及番茄酱，大火烧开，转微火，煮 10 分钟即可。

荠菜山药羹

原料：荠菜 100 克，山药 50 克，高汤 750 毫升，盐、水淀粉适量。

制作：

1. 荠菜择去黄叶洗净，氽烫后过冷水，切碎；山药去皮切丁。

2. 高汤倒入锅里烧开，放入山药丁，煮 3 分钟。

3. 加入荠菜稍煮，加盐调味，淋入水淀粉勾薄芡即可。

木耳绿豆薏仁汤

原料：水发黑木耳 50 克，绿豆 75 克，薏仁 100 克，土茯苓 20 克，玉竹 10 克，猪棒骨 500 克，盐适量。

制作：

1. 绿豆、薏仁、土茯苓、玉竹和猪棒骨用清水冲洗干净。

2. 将猪棒骨放入锅中，添入适量水，大火烧沸后转小火炖 1 小时，其间不时撇去浮沫。

3. 将汤中的骨头拣出，添放入绿豆、薏仁、土茯苓、玉竹和黑木耳，小火慢煮 1 小时即可。

奶油西兰花汤

原料：新鲜西兰花 1 个，洋葱末 30 克，奶油 1 小块，黄油 10 克，面粉 50 克，盐、胡椒、鸡汤各适量。

 制作：

1. 西兰花洗净，切成块。

2. 用黄油将洋葱末煸香，加入西兰花和鸡汤，大火烧开。

3. 用黄油将面粉炒香，徐徐撒入汤内，使汤浓稠，加入盐、胡椒调味。

4. 最后加入奶油，装盆即可。

沙茶鱿鱼羹

原料：鱿鱼羹条 75 克，芹菜、杏鲍菇各 25 克，香菇、红萝卜各 15 克，淀粉适量；

调料：沙茶酱 1 小匙，盐少许，胡椒粉、香油各少许，乌醋 1 小匙，高汤 500 毫升，水 200 毫升；

制作：

1. 芹菜、杏鲍菇、红萝卜、香菇均洗净切丝，放入沸水锅中汆烫至熟，捞起备用。

2. 将调味料调匀、煮沸，加入鱿鱼羹条及所备食材再煮沸。

3. 用水淀粉勾芡后即可。

酸辣魔芋羹

> **原料：**魔芋丝 200 克，里脊肉 100 克，金针菇 100 克，鲍鱼菇、鲜蘑菇、香菇各 25 克，胡萝卜 50 克，豌豆苗（或萝卜缨）15 克，酱油、淀粉、麻油、白醋、盐、糖、胡椒粉各适量。

制作：

1. 金针菇、香菇均去蒂、切丝，鲍鱼菇、鲜蘑菇切丝，胡萝卜削皮切丝，里脊肉洗净切丝。

2. 取大碗，放入肉丝，加入少许酱油、淀粉和麻油，拌匀后腌渍 10 分钟备用。

3. 锅内添适量水煮沸，下入魔芋丝、金针菇、鲍鱼菇、鲜蘑菇、香菇和胡萝卜丝，煮沸片刻后加入肉丝，用水淀粉勾芡，加入酱油、白醋、盐、糖、胡椒粉及豌豆苗，稍煮即可。

泰式椰子汤

> **原料：**磨碎的鲜姜末 10 克，柠檬草 1 棵，红咖喱酱 10 克，鸡汤 1000 毫升，鱼露 50 毫升，植物油 15 毫升，黄砂糖 15 克，椰奶 3 罐，鲜香菇 200 克，鲜虾 300 克，鲜柠檬汁 30 毫升，新鲜香菜叶碎 10 克，盐适量。

制作：

1. 柠檬草剁碎，鲜香菇切片，虾去壳、去沙肠。

2. 锅内注油烧热，放入姜末、柠檬草、咖喱酱炒 1 分钟，然后慢慢倒入鸡汤，不断搅拌，直到混匀，再搅入鱼露、黄砂糖，煮 15 分钟。

3. 加入椰奶和香菇，边煮边搅拌，煮约 5 分钟。

4. 加入虾，煮约 5 分钟。

5. 最后搅入柠檬汁，加盐调味，用香菜叶在汤面上点缀即可。

菌 菇 豆 苗 汤

原料：嫩豆苗 100 克，白玉菇、松茸菇各 75 克，素高汤 500 毫升，香菇粉、香油、盐少许。

 制作：

1. 豆苗洗净，白玉菇和松茸菇洗净去根。

2. 锅中放入素高汤、适量水和各种菌菇煮开，用中火煮 5 分钟。

3. 关火，加香菇粉、盐调味，撒入豆苗搅匀，淋香油即可。

韩 式 泡 菜 汤

原料：韩式辣白菜 1 卷，五花肉 8 片，豆腐 1 块，香菇 3 朵，金针菇 1 小把，白菜叶 3 片，韩式大酱、油、盐、葱、姜、蒜各适量。

制作：

1. 豆腐切厚片。香菇洗净切厚片，辣白菜和白菜叶均切小块；

取适量大米清洗一次后再放入清水，搓洗大米后留下第二次的淘米水。

2. 锅中注油烧热，下葱姜蒜炒香，放入五花肉煎出油。

3. 放入辣白菜翻炒均匀，接着把大酱、淘米水混合好放入锅中，烧开后转小火煮约 10 分钟，加盐调味。

4. 最后放入香菇和豆腐，煮至入味后加入白菜叶，稍煮片刻即可。

榨 菜 鸡 丝 汤

原料：榨菜 30 克，鸡脯肉 100 克，鸡蛋 2 个，精盐、花生油、肉汤各适量。

 制作：

1. 榨菜切丝，放冷水中稍泡；鸡脯肉切丝；鸡蛋磕入碗内，打匀成蛋液。

2. 炒锅注油烧热，下入鸡丝稍炒，放入榨菜丝、肉汤烧开，淋入蛋液，撒入精盐调味即成。

奶 油 蘑 菇 汤

原料：新鲜蘑菇（切片）、百里香、洋葱末、面粉、奶油、白兰地酒、黄油、盐、胡椒、鸡汤、香草各适量。

制作：

1. 用黄油将洋葱末、百里香煸香，加入蘑菇片，翻炒至蘑菇出水，再收干；烹入白兰地酒，明火引燃，同时翻炒。

2. 倒入鸡汤，大火烧开后改小火煨，使汤微滚。

3. 另取锅，用黄油将面粉炒香，徐徐撒入蘑菇汤中，不停搅拌。

4. 加入奶油、盐、胡椒调味，烧开，用香草点缀即可。

奶油南瓜汤

原料：南瓜 500 克，洋葱半个，黄油 30 克，奶油 100 毫升，牛肉汤或者鸡上汤 500 毫升，盐、胡椒粉各少许。

制作：

1. 将南瓜去皮切小粒，洋葱切粒。

2. 炒锅烧热，化开黄油，下入洋葱粒炒几分钟至软，加入南瓜粒及上汤煮沸，用小火煮 20 分钟至南瓜软熟。

3. 加入盐及胡椒粉，拌入鲜奶油即可。

黄花菜豆皮汤

原料：豆皮 75 克，黄花菜 25 克，骨头汤适量，小葱、食用油、盐、味精各少许。

制作：

1. 黄花菜用温水泡 20 分钟，豆皮切丝。

2. 骨头汤中先放入黄花菜炖片刻，再放入豆皮、小葱，烧开即可。

素 丸 汤

原料：冬瓜 500 克，素丸子 10 个，胡萝卜 2 小根，香菇 3 个，枸杞 25 克，素高汤 1000 毫升，盐、香菇粉、麻油少许。

制作：

1. 香菇用冷水泡软后切丝，枸杞用冷水泡开。

2. 冬瓜去皮、去籽后洗净，用挖球器挖成球；素丸子对切成两半，胡萝卜切成花形。

3. 高汤煮开，下入枸杞以外的所有食材，大火煮开，转中小火煮 5 分钟，再下入枸杞稍煮，加入香菇粉、盐调味，撒上香菜碎、淋上麻油即可。

日 本 豆 腐 羹

原料：日本豆腐 1 块，香菜（或菊叶类有清香味的蔬菜）少许，盐、高汤、麻油、淀粉、糖各适量。

制作：

1. 日本豆腐切块，香菜洗净切碎。

2. 高汤倒入锅中，放入豆腐、香菜，加盐、糖烧开。

3. 用水淀粉勾芡，淋麻油即可。

莫斯科红菜汤

原料：牛肉汤 750 克，红菜头（也叫紫菜头）、熟牛肉、圆白菜各 100 克，洋葱、胡萝卜、番茄各 50 克，干辣椒、香叶、黄油炒的面粉、小茴香末、蒜末、小泥肠、火腿各适量，番茄酱 50 克，黄油 75 克，奶油 50 克，糖、盐、白醋、胡椒粉各少许。

制作：

1. 红菜头、洋葱、胡萝卜、圆白菜洗净切丝，番茄洗净切块，将红菜头、洋葱、胡萝卜用盐、糖、白醋腌 1 小时。

2. 牛肉、火腿分别切片。

3. 锅中放入黄油、香叶、胡椒粉、干辣椒，烧至六成热时，放入番茄酱焖至油呈红色，加入圆白菜丝、红菜头、牛肉汤煮沸。

4. 汤中加入适量油炒面粉，将汤调至合适的浓度，加盐、醋调味，接着放入番茄块、洋葱、胡萝卜、蒜末、牛肉片、火腿片、小泥肠一起煨。

5. 出锅前在汤面浇上奶油、撒上小茴香末即可。

菜干胡萝卜猪骨汤

原料：胡萝卜 1 根，白菜干 2 棵，猪筒骨 500 克，红枣 4 枚，蜜枣 2 粒，姜 4 片，油、盐各适量。

制作：

1. 白菜干洗净，用清水浸泡 1 小时，切断；胡萝卜洗净切块。

2. 猪骨洗净，焯水备用。

3. 所有食材放入汤锅内，添适量水，大火烧开，转小火煲 1 小时，出锅前食盐调味即可。

美 味 酸 辣 汤

原料： 豆腐 1 盒，香菇 3 个，肉丝 50 克，鸡蛋 1 个，李锦记辣椒酱、醋、生抽、淀粉、油、盐、胡椒粉、味精各适量。

 制作：

1. 肉丝用淀粉、料酒、盐、胡椒粉腌制片刻。

2. 豆腐切细条，香菇洗净切丝。

3. 炒锅注油烧热，先煸炒肉丝，再放香菇煸炒。

4. 添适量水，加入生抽、李锦记辣椒酱、醋、豆腐丝，煮开片刻后把打好的鸡蛋顺锅边淋入。

5. 最后用淀粉勾芡，撒上胡椒粉即可。

酸 辣 豆 腐 羹

原料： 豆腐 1 块，金针菇 50 克，黑木耳 25 克，胡萝卜半个，红尖椒 1 个，香菜、油、盐、糖、胡椒粉、淀粉、白醋、香油各适量。

制作:

1. 豆腐切条状，金针菇切根后洗净切段，黑木耳、红尖椒分别洗净切丝，胡萝卜去皮洗净切丝，香菜洗净切末备用。

2. 炒锅注油烧热，放入金针菇、木耳丝、胡萝卜丝、辣椒丝炒香。

3. 添入适量水，大火煮开后转为中火。

4. 待食材煮熟，放入豆腐并加盐、糖及胡椒粉调味，最后加入香菜末。

5. 勾薄芡，淋入白醋、香油即可。

酸 辣 发 菜 羹

原料: 北豆腐 300 克，水发发菜 15 克，水发木耳 75 克，胡萝卜 50 克，酱油 10 克，醋 20 克，豌豆淀粉 15 克，盐、胡椒适量。

制作:

1. 将木耳切丝，豆腐切条，胡萝卜去皮切丝。

2. 锅中添适量清水，放入木耳丝与胡萝卜丝，烧开后转小火。

3. 再放入发菜，加入酱油、盐、胡椒、醋、淀粉水搅匀。

4. 待汤汁黏稠时，放入豆腐稍煮即可。

椰 香 南 瓜 羹

原料: 小南瓜 1 个，淡奶油适量，椰浆少许。

制作：

1. 南瓜去皮、去籽、切块，装盘放入微波炉（盖上保鲜膜），高火加热 15 分钟。

2. 将软熟的南瓜取出，用匙子压成泥。

3. 将南瓜泥和适量淡奶油一起，用食品加工机打成均匀细腻的糊状。

4. 将搅拌好的南瓜泥倒入锅中，加入椰浆煮开，略收浓即可。

5. 南瓜羹装碗后可以滴几滴淡奶油装饰。

西 式 南 瓜 汤

原料： 南瓜 200 克，洋葱 15 克，鸡汤半杯，橄榄油、盐、奶油各少许。

 制作：

1. 南瓜去籽、皮切小块，洋葱切丝。

2. 炒锅注油烧热，下洋葱丝、南瓜翻炒，加入鸡汤，把南瓜煮熟软。

3. 加盐、奶油，煮至浓稠即可。

海带香菇芦笋汤

原料： 紫菜 15 克，水发海带 50 克，香菇、蘑菇、鲜芦笋各 75 克，玉米粒 25 克，嫩豌豆少许，鸡蛋清 1 个，素高汤 1000 毫升，生粉、盐、糖、姜汁酒、胡椒粉、植物油、麻油各适量。

🍲 **制作：**

1. 海带切丝，蘑菇切片，香菇切丁。
2. 鲜芦笋去皮、切丁，紫菜浸泡洗净。
3. 锅注油烧热，烹入姜汁酒，添入素高汤，放入紫菜、海带、蘑菇、香菇。
4. 煮沸片刻，淋入蛋清，加入豌豆、玉米粒、芦笋丁以及盐、糖、胡椒粉、麻油，勾芡，稍煮至汤浓稠即可。

冬瓜金针菇汤

原料：冬瓜 200 克，金针菇 75 克，浓汤宝（鸡汤口味）1 块。

🥄 **制作：**

1. 冬瓜削皮切片，金针菇洗净。
2. 锅中放入适量水煮沸，放入浓汤宝、冬瓜、金针菇，煮约 15 分钟即可。

金钱口蘑汤

原料：水发口蘑 200 克，鸡胸脯肉 100 克，金华火腿 25 克，油菜 50 克，熟鸡油、淀粉、胡椒粉、盐各适量。

🍲 **制作：**

1. 将鸡脯肉洗净，去掉筋皮，斩成蓉，加入少许水、胡椒粉、盐搅上劲，制成鸡糊。

2. 将口蘑洗净去蒂，用刀修成铜钱大小的形状，在有褶皱的一面抹上鸡糊，嵌上火腿片、绿菜叶点缀，放入深盘中，入笼蒸熟取出。

3. 锅中添适量水烧开，用水淀粉勾芡，倒入盛有口蘑的深盘中，淋入熟鸡油即可。

菌 菇 玉 米 汤

原料：玉米 2 个，金针菇、香菇、滑子菇、芹菜叶各 30 克，盐适量。

 制作：

1. 玉米洗净切段儿；菇类用盐水浸泡，再用清水冲净。

2. 香菇洗净去蒂、切块，芹菜叶洗净备用。

3. 锅中添适量水，放入玉米、金针菇、香菇、滑子菇，小火煮 30 分钟，加盐调味，撒入芹菜叶即可。

木耳芦笋蘑菇汤

原料：芦笋 250 克，蘑菇（鲜蘑）150 克，水发木耳 50 克，酱油、盐、胡椒粉、香油少许。

制作：

1. 芦笋去除老的部分，切薄片；蘑菇择洗净，放入锅中用开水烫一下、过冷、切片；木耳切成同芦笋一样的薄片。

2. 炒锅添适量水，加盐和胡椒粉烧开，放入芦笋、蘑菇、木耳同煮 2 分钟，淋入酱油、香油即可。

豆 苗 蘑 菇 汤

> 原料：豆苗 100 克，口蘑 150 克，金针菇 75 克，鸡精、色拉油、盐、姜各适量。

制作：

1. 将豆苗、金针菇洗净，口蘑洗净切片，姜去皮、切片。

2. 开水锅中先放入姜片稍煮，加入口蘑煮片刻，最后加入金针菇、豆苗。

3. 汤再开后加入色拉油、盐、鸡精调味即可。

鲜 蘑 番 茄 汤

> 原料：鲜平菇、番茄、嫩玉米粒、嫩豌豆各 25 克，高汤 500 毫升，鲜姜碎、大葱碎各 5 克，油 20 毫升，盐、胡椒粉、水淀粉各适量。

制作：

1. 将鲜平菇、番茄均洗净切丁。

2. 锅中注油烧热，放入鲜姜碎、大葱碎翻炒出香味，再放入平菇丁、番茄丁炒匀，倒入高汤，加入嫩豌豆和嫩玉米粒烧开。

3. 最后调入盐、胡椒粉和水淀粉，再次烧开即可。

香 菇 豆 腐 汤

原料：嫩豆腐 2 块，鲜香菇 2 朵，胡萝卜半根，姜、芹菜段、青蒜段、盐、胡椒粉、水淀粉适量。

🍲 制作：

1. 嫩豆腐先用淡盐水浸泡，胡萝卜和姜分别切细丝，鲜香菇切薄片，芹菜和青蒜切段。

2. 锅中添适量开水，将嫩豆腐放在掌心，用刀子轻轻地切小块下入锅内。

3. 加入香菇、胡萝卜、姜烧开。

4. 撒入盐、胡椒粉，用水淀粉勾薄芡。

5. 最后撒入芹蒜段、青蒜段，搅匀烧开即可。

香菇韭菜煎蛋汤

原料：鲜香菇 2 朵，韭菜 50 克，鸡蛋 2 个，姜、盐、油各适量。

🍲 制作：

1. 香菇洗净，去硬蒂，切成薄片。

2. 热锅，倒入少许油摇匀，趁油微热转小火，磕入鸡蛋，待成形即用锅铲翻转煎另一面（喜欢香口的可将蛋煎金黄一点），盛起，继续倒少许油，煎下一个。

3. 韭菜择好、洗净、切段。

4. 将 5 碗水倒入宽口瓦煲煮沸，放 2 汤匙油，下入姜片和香菇煮约 10 分钟，待香菇出味，再下入韭菜煮 2 分钟，接着将煎蛋放入煮至水开，加盐调味即可。

椰浆蘑菇浓汤

原料：口蘑 3 个，素火腿 1 片，椰浆 50 毫升，面粉 15 克，植物油 20 毫升，现磨黑胡椒、法香碎、盐、吐司面包等各适量。

制作：

1. 素火腿室温化冻后切下 1 片，再切成小粒；口蘑洗净切碎。

2. 炒锅烧热，注入植物油，放入面粉用小火炒香，接着倒入开水搅匀。

3. 放入蘑菇和素火腿，煮 3 分钟左右，至汤汁浓稠。

4. 淋入椰浆搅匀，加盐调味，撒入黑胡椒、法香碎即可。

5. 面包切小粒，烤至酥脆，放入汤中同食。

竹荪黄瓜汤

原料：黄瓜 1 条，竹荪 50 克，姜片、盐、味精、高汤各适量。

制作：

1. 将竹荪放入清水中浸泡 4 小时后切段，黄瓜洗净切片。

2. 高汤倒入锅中，放入竹荪、姜片煮沸。

3. 小火煮半小时，放入黄瓜片继续煮 3 分钟，加盐和味精即可。

竹 笋 香 菇 汤

原料：香菇 25 克，竹笋 15 克，金针菇 50 克，清汤 300 克，姜、盐各适量。

制作：

1. 将香菇、姜、竹笋切丝，金针菇打结。

2. 将竹笋丝、姜丝放入汤锅，添适量清水煮 15 分钟，再放香菇、金针菇煮 5 分钟，加入精盐调味即可。

鸡蛋香菇韭菜汤

原料：鸡蛋 2 个，鲜香菇 5 朵，韭菜 50 克，植物油 15 毫升，高汤 500 毫升，盐适量。

制作：

1. 炒锅注油烧热，淋入鸡蛋液慢火煎熟，放入汤锅内。

2. 香菇去蒂、洗净，切成细丝，焯熟，放入汤碗中；韭菜择洗干净，切段、氽熟，放入汤碗中。

3. 汤锅放入高汤，加盐调味，烧开后倒入汤碗内即可。

金针菇酸辣汤

原料：金针菇 100 克，韧豆腐半块，水发木耳 6 朵，水发香菇 6 朵，水发黄花菜 15 克，鸡蛋 1 个，醋 50 毫升，生抽 25 毫升，盐、糖、白胡椒粉、玉米淀粉、香油各适量。

制作：

1. 将木耳、香菇、黄花菜均洗净、切丝；金针菇洗净撕开。

2. 韧豆腐切成大小相似的丝，放入盐水盆中浸泡；鸡蛋打散备用。

3. 锅中添适量水，大火煮开，放入金针菇、木耳、黄花、香菇丝，中火煮 5 分钟。

4. 加入生抽、白胡椒粉、糖、盐和 30 毫升的醋调味。

5. 下入豆腐丝煮片刻，用水淀粉勾芡。

6. 待汤汁浓稠后淋入蛋液。

7. 蛋液形成蛋花后马上加入剩余的醋，关火，淋入香油即可。

豆腐泡菜汤

原料：小黄瓜泡菜 150 克，豆腐 200 克，五花肉 100 克，水发木耳 25 克，胡萝卜半根，西红柿、红彩椒各 1 个，大枣 5 枚，姜 3 片，蒜 3 瓣，盐、葱叶少许。

制作：

1. 汤锅中先用小黄瓜泡菜、姜片铺底，再铺一层五花肉（切片）。

2. 铺些豆腐、木耳，再铺西红柿、彩椒、豆腐（均切片），继续铺肉片、胡萝卜（切片）。

3. 最后再铺些小黄瓜泡菜，放入大枣、蒜瓣，添适量水，大火煮开，转小火煮20分钟，加盐、葱叶调味即可。

豆腐酸菜粉丝汤

原料：冻豆腐1块，酸菜300克，龙口粉丝75克，口蘑、松蘑、香菜、精盐、胡椒粉、花生油各适量。

🍲 制作：

1. 将冻豆腐切成小块，下开水锅中焯透，用凉水漂凉。

2. 将口蘑、松蘑分别水发并留原汤，洗净泥沙；粉丝用温水泡软，剪成段；酸菜片成极薄的长片，再顺长切细；香菜洗净切段。

3. 锅中下入口蘑、松蘑、粉丝、酸菜、豆腐，添泡蘑菇原汤烧开，加精盐、胡椒粉、花生油，盖盖煮熟，撒入香菜即可。

泡酸菜粉丝汤

原料：细粉丝150克，泡酸菜100克，葱丝10克，胡椒粉、盐、味精、香油各少许，高汤750克。

制作：

将泡酸菜、粉丝泡好，一同放入锅中，倒入高汤烧开，煮 10 分钟后加入胡椒粉、盐、味精、葱丝、香油即可。

虾仁酸菜粉丝汤

原料：虾仁 150 克，泡酸菜 100 克，粉丝 50 克，香葱 1 棵，色拉油、料酒、盐、味精适量。

 制作：

1. 将粉丝泡发；虾仁去沙线后洗净，加少许料酒、盐拌匀腌味；酸菜切丝，香葱切碎。

2. 锅注油烧热，下入酸菜炒 1 分钟，添入 500 毫升的汤或水，大火烧沸后改小火，将酸菜煮 5 分钟，下粉丝煮约 2~4 分钟。

3. 放入虾仁煮约 2 分钟，撒入味精、盐、香葱，搅匀后即可。

酸 辣 豆 腐 汤

原料：豆腐 150 克，午餐肉 25 克，香菇片、木耳片、冬笋片各 15 克，鲜汤姜末、葱花、精盐、味精、胡椒粉、米醋、水淀粉、辣椒油、植物油各适量。

制作：

1. 豆腐切成条，焯烫 5 分钟，捞出沥水；午餐肉切成片。

2. 锅中注油烧热，下入姜末炒香，放入鲜汤、胡椒粉、精盐、米醋和所有原料，烧至入味。

3. 用水淀粉勾薄芡，加入葱花、味精、辣椒油搅匀即成。

榨菜肉丝酸辣汤

原料：豆腐1/2块，水发黑木耳5朵，瘦肉75克，榨菜50克，葱1根、姜1片，鸡蛋1个，番茄1个，镇江香醋、盐、糖、生抽、豆瓣酱、淀粉、胡椒粉、酒、油各少许。

制作：

1. 瘦肉洗净，逆肉纹切细丝，加酒、盐略拌，再加少许淀粉饧5分钟备用。

2. 水发黑木耳、榨菜、葱、姜均洗净切细丝；番茄用热水浸烫后剥皮去籽，切丝。

3. 豆腐切丝，鸡蛋打匀，镇江香醋、糖、生抽、胡椒粉调成汁。

4. 锅中注油烧热，放入豆瓣酱炒香，加入肉丝略炒至肉变白盛起。原锅中添适量水烧开，放入姜丝、黑木耳丝、豆腐丝、榨菜丝、调味汁、肉丝、番茄丝，煮片刻后用水淀粉勾芡。

5. 最后加入葱丝，淋入鸡蛋液轻搅使蛋汁成丝状即可。

什　菇　汤

原料：黄豆芽100克，鲜口蘑、鲜平菇、鲜草菇、鲜金针菇、鲜滑子菇各50克，鸡蛋1个，老姜3片，葱花、香菜、盐、水淀粉、香油适量。

🍲 **制作：**

1. 将各种蘑菇择洗干净，切（或撕）成大小一致的小块；黄豆芽择去根部洗干净，鸡蛋打散成蛋液。

2. 将黄豆芽和姜片放入汤锅中，添适量水，大火煮沸，改小火慢炖 20 分钟，将黄豆芽捞出，留下的汤即为素高汤。

3. 素高汤中放入葱花和各种蘑菇块，大火烧开，转小火保持微沸，煮 10 分钟后再改大火，边搅动汤锅，边勾入水淀粉。

4. 待汤滚开，将蛋液缓缓倒入沸腾处，搅出蛋花，调入盐和香油，撒上香菜即可。

金针平菇鸡蛋汤

原料： 金针菇 100 克，平菇 50 克，鸡蛋 1 个，浓汤宝 1 块，碎芹菜叶、盐适量。

🍲 **制作：**

1. 将金针菇放在盐水中浸泡 5 分钟后捞出冲净，平菇洗净、撕成小块儿，鸡蛋打散。

2. 锅中放入 3 碗水，煮沸后加入浓汤宝、金针菇和平菇，小火煮 5 分钟。

3. 淋入鸡蛋液搅成蛋花，撒入碎芹菜叶，加盐调味即可。

鲜蘑番茄汤

原料： 鲜平菇 75 克，番茄 50 克，嫩玉米粒、嫩豌豆各 25 克，高汤 500 毫升，鲜姜碎、大葱碎各 5 克，油 20 毫升，盐、胡椒粉、水淀粉适量。

🍲 **制作：**

1. 将鲜平菇、番茄洗净切丁。

2. 炒锅注油烧热，放入鲜姜碎、大葱碎翻炒出香味。

3. 再放入平菇丁、番茄丁炒匀，倒入高汤，加入嫩豌豆和嫩玉米粒烧开。

4. 最后调入盐、胡椒粉和水淀粉，再次烧开即可。

口蘑荠菜羹

原料：鲜口蘑100克，荠菜50克，淀粉、色拉油、麻油、骨汤、盐各适量。

🍲 **制作：**

1. 荠菜洗净切末，鲜口蘑洗净切片。

2. 炒锅注油烧热，放入口蘑片翻炒。

3. 倒入骨汤烧开，中火烧5分钟，放入荠菜末，调入盐，用水淀粉勾芡收浓汤汁，最后淋上麻油即可。

茶树菇排骨汤

原料：排骨2根，茶树菇50克，怀山、枸杞子各15克，党参5克，盐适量。

🍲 **制作：**

1. 排骨切大块汆过，茶树菇洗净。

2. 将所有食材一起入锅，添适量水烧开，小火炖1个小时，加盐调味即可。

火 腿 洋 葱 汤

原料：熟火腿1块（约300
克），洋葱1个，香菜、花椒粉、
盐、鸡精、植物油各适量。

 制作：

1. 洋葱去皮切丝，熟火腿切丝。

2. 热锅热油，放入洋葱和花椒粉煸炒一下，添适量水大火
煮沸。

3. 转小火煮3分钟，加入熟火腿煮2分钟，加盐和鸡精调味，
撒上香菜即可。

青 豆 汤

原料：青豆50克，洋葱末
25克，黄油、面粉、鸡汤、盐、
胡椒粉等各适量。

制作：

1. 锅内放入黄油，下洋葱末煸香后加入青豆略炒，添入鸡汤，
大火烧开。

2. 另锅用黄油将面粉炒香成浆，徐徐倒入青豆汤内搅拌，使
汤浓稠。

3. 加入盐、胡椒粉调味即可。

清 汤 豆 腐 羹

原料：南豆腐 2 块，豆苗 50克，素汤 1 毫升，湿淀粉、料酒、精盐、味精、胡椒粉各适量。

制作：

1. 豆腐放在铜丝罗内，用手摁压成豆蓉，加入精盐、味精、料酒和湿淀粉搅拌成糊，倒入深汤盘内，上屉用小火蒸 20 分钟，即成豆腐羹。

2. 豆苗择取嫩尖洗净。

3. 锅内倒入素汤烧开，放入料酒、精盐、味精、胡椒粉调好味。

4. 将蒸好的豆腐羹用小汤匙一匙一匙地舀入大汤碗内，撒上豆苗，再将调好味的素汤徐徐倒入汤碗内即成。

八 宝 豆 腐 汤

原料：豆腐 150 克，鸡蛋清 50 克，水发海参、水发鱿鱼须、午餐肉、冬笋、水发香菇、熟青豆各 20 克，鲜汤 500 克，精盐、水淀粉、香油适量。

制作：

1. 将海参、冬笋、香菇、鱿鱼须分别洗净，同午餐肉均切成碗豆大小的粒。

2. 豆腐洗净，捣成蓉，加入蛋清、香油、精盐、水淀粉拌匀，倒入抹了油的平盘中，入笼蒸熟，取出晾凉，切成豌豆大小的粒。

3. 锅中倒入鲜汤烧沸，放入原料粒，加入精盐调匀，用水淀粉勾芡，淋入香油即成。

白菜海带豆腐煲

原料：白菜 200 克，海带结 75 克，豆腐 50 克，高汤适量，盐、味精、香菜各少许。

制作：

1. 将白菜洗净、撕成小块，海带结洗净，豆腐切块。

2. 锅中倒入高汤，下入白菜、豆腐、海带结，调入盐、味精，煲至熟，撒入香菜即可。

粉 丝 白 菜 煲

原料：大白菜 1/4 棵，粉丝 100 克，小香肠 3 根，虾米、冻豆腐、豆豉辣酱、红椒干、蒜、盐、油各适量。

制作：

1. 将白菜洗净切块，小香肠切丁。

2. 砂锅内注油，放入红椒和蒜，然后一层层铺上食材，把虾米放在白菜的中间，冻豆腐和香肠分层放入。

3. 添适量水，盖上盖，中火煮沸片刻，白菜变软时放入粉丝稍煮，加豆豉辣酱和盐调味即可。

豆 腐 丸 子 汤

原料：鲜香菇 75 克，鲜笋 50 克，金华火腿 1 块，豆腐 2 大块，瘦肉 100 克，鸡汤适量，水发木耳、韭黄、干黄花菜、葱花、盐、姜、胡椒粉、黄酒、淀粉各适量。

制作：

1. 鲜香菇剪去柄，洗净，沥水，置大碗里，加姜、葱、黄酒及适量鸡汤，入笼大火蒸半个小时。

2. 黑木耳拣掉杂质洗净，金华火腿切片，鲜笋切末。

3. 豆腐削去粗皮，置于网筛里反复按压，让豆腐从网筛里滤出。

4. 豆腐里加入瘦肉末、姜末、笋末、葱花、盐、胡椒粉，持筷子沿一个方向搅拌，搅匀后加适量干淀粉。

5. 继续沿同一方向搅拌，直至把豆腐搅上劲。

6. 将蒸好的香菇取出，拣去姜葱晾凉，斜刀改成大片。

7. 将洗净的韭黄切成长段，放在大碗里，将鸡汤烧热浇在韭黄上。

8. 锅中倒入鸡汤，下入笋片、火腿片、木耳、香菇片，加盐、胡椒粉烧开。

9. 收小火，锅中保持微沸，将搅拌好的豆腐蓉，用手挤成大小均匀的丸子下锅；全部下锅后焖几分钟，起锅盛入放有韭黄的大碗里即可。

豆腐丸子棒菜汤

原料：嫩豆腐 400 克，猪肉馅 250 克，棒菜 50 克，生粉、盐、味精、姜、香菜各适量。

制作：

1. 嫩豆腐用手抓碎，葱、姜细细剁碎。
2. 将猪肉馅和葱姜蓉一起放入抓碎的豆腐中。
3. 加入生粉、盐、味精，搅拌上劲。
4. 锅中添适量水，开火，见锅底开始冒小泡泡时，将火调小，用小匙，挖混合好的豆腐馅放在手心，捏成丸子。
5. 让水继续保持不太开的状态，下入豆腐丸子，待丸子颜色变白、飘起，把火调大。
6. 将棒菜去皮，切成滚刀块，倒入锅中。
7. 盖上锅盖，中火煮 20 分钟即可。

红白豆腐汤

原料：豆腐、鸭血各 100 克，盐、花椒粉、醋、味精、葱丝、姜丝、蒜片、植物油、水淀粉、香菜末、鸡汤（或肉汤）各适量。

制作：

1. 将鸭血洗净，和豆腐分别切条。
2. 锅内注油烧热，放入葱丝煸炒出香味，倒入鸡汤下入豆腐条、鸭血条煮沸，加姜丝、蒜片、盐、味精、醋、花椒粉稍煮，用水淀粉勾芡，撒入香菜末即可。

黄豆海带汤

原料：水发黄豆 50 克，水发海带 150 克，瘦肉 75 克，枸杞子少许，姜片、葱花、油、盐、味精、猪骨汤各适量。

 制作：

1. 水发海带切小片，瘦肉切片。

2. 炒锅注油烧热，下入姜片炝香，倒入猪骨汤，放入黄豆、海带片，用中火煮约 5 分钟，再放入瘦肉片、枸杞子，调入盐、味精，用大火煮透，撒入葱花，出锅即成。

黄豆芽榨菜汤

原料：黄豆芽 300 克，低盐榨菜 75 克，小葱、味精、熟食用油适量。

制作：

1. 黄豆芽去根洗净，焯过。

2. 把榨菜和豆芽一起放入锅里，添适量水，大火烧开，改中火煮片刻，加入熟食用油、小葱、味精即可。

毛豆丝瓜汤

原料：丝瓜 1 条，毛豆 200 克，姜片、香菜、盐、料酒、香油、味精、清汤各适量。

🍲 **制作：**

1. 毛豆去壳，焯过沥干；丝瓜去皮切块，香菜切段。

2. 锅中倒入清汤，放入毛豆、姜片和料酒，大火烧开，改小火煮 10 分钟。

3. 放入丝瓜，煮至丝瓜熟软，加盐、味精调味，淋上香油，撒上香菜即可。

豌豆尖豆腐汤

> **原料：** 内酯豆腐 1 盒，豌豆尖 50 克，盐、姜丝、植物油适量。

🥘 **制作：**

1. 将豌豆尖洗净，豆腐切丝。
2. 锅内注油烧热，下姜丝炒香，放入豌豆尖翻炒一下。
3. 倒入适量清水，烧开后放入豆腐丝稍煮，加盐调味即可。

白 菜 粉 丝 汤

> **原料：** 大白菜 250 克，干粉丝 50 克，植物油 25 克，野山椒、胡椒粉、鸡精、盐各少许。

🍲 **制作：**

1. 白菜洗净去根，斜切成薄片；粉丝用热水泡开，野山椒剁碎，姜切丝。

2. 炒锅注油烧热，下姜丝、野山椒爆香，添适量清水，加盐煮开。

3. 放入白菜片煮软，加粉丝稍煮。

4. 出锅前撒入鸡精、胡椒粉调味即成。

菠 菜 鸡 蛋 汤

原料： 菠菜 150 克，鸡蛋 1 个，盐、油少许。

 制作：

1. 菠菜择洗净焯过。

2. 锅中添入适量水，滴入少许油，烧开后放入菠菜。

3. 稍煮后淋入打散的鸡蛋液，加盐调味即可。

韭 黄 海 带 丝 汤

原料： 肥瘦相间猪肉 150 克，韭黄 100 克，水发海带 75 克，盐、酱油、醋、胡椒粉、淀粉、肉汤等各适量。

制作：

1. 猪肉洗净切丝，用盐、水淀粉拌匀腌片刻；韭黄洗净切段；海带切丝，用沸水焯一下。

2. 将适量肉汤（可用罐头鸡汤、鸡精清汤块等代替）倒入锅中烧沸，放入海带丝略煮即捞出，放在汤盆内；将肉丝抖散，放入汤锅中氽熟，加韭黄、胡椒粉、盐、酱油、醋调好味，盛入海带汤盆中即可。

罗 宋 汤

原料：牛肉250克，卷心菜半个，洋葱、土豆、胡萝卜各1个，西红柿2个，西芹2根，面粉50克，盐、糖、白胡椒粉各1小匙，番茄酱2匙，黄油25克（色拉油亦可），生姜适量。

制作：

1. 将牛肉洗净入锅，加入适量清水和几片生姜，大火煮开，撇去浮沫，改小火焖至牛肉软烂。

2. 煮好的牛肉切小块，牛肉汤盛出备用。

3. 将土豆、胡萝卜洗净、去皮、切小块，洋葱、卷心菜切片，西红柿去皮切小块，芹菜洗净切小段。

4. 将面粉倒入炒锅中，用小火炒至微黄。

5. 另取锅烧热，放入黄油烧化，下入土豆和胡萝卜翻炒，加入番茄、洋葱、芹菜翻炒，炒至番茄出红汤后，加入番茄酱翻炒均匀，将牛肉汤倒入锅中。

6. 汤锅中再加入煮好的牛肉块，用小火炖，约20分钟至土豆软烂后，加入炒好的面粉搅拌均匀。

7. 最后加入卷心菜，煮软后关火，关火前加入盐、糖、胡椒粉搅匀即可。

什 锦 蔬 菜 汤

原料：南瓜300克，洋葱半个，胡萝卜、西芹各1根，土豆1个，鸡汤1杯，肉桂粉、奶油、胡椒粉、黄油、盐各适量。

制作：

1. 南瓜、胡萝卜、土豆、西芹均洗净切丁；洋葱切细丝。

2. 将黄油放入锅中烧化，然后放入洋葱炒香。

3. 加入胡萝卜略翻炒，再加入南瓜、土豆、鸡汤及适量水，小火煮熟。

4. 最后放入芹菜稍煮，加入肉桂粉、胡椒粉、盐关火。

5. 将汤盛入碗中，加入奶油，用牙签做出拉花装饰即可。

清 炖 莲 藕 汤

原料： 莲藕300克，盐、味精、胡椒粉少许，鲜汤适量。

 制作：

1. 鲜藕去皮洗净，切滚刀块。

2. 取砂锅或铝锅，倒入鲜汤烧沸，放入藕块炖片刻，撒入味精、盐、胡椒粉即成。

砂锅白菜粉条汤

原料： 大白菜300克，粉条100克，水发蘑菇150克，色拉油、酱油、精盐、味精、花椒水、葱丝、姜末各适量。

 制作：

1. 白菜洗净切成条，蘑菇洗净一切两半；粉条用热水泡软，剪成10厘米长的段。

2. 砂锅放入白菜、蘑菇、粉条及适量水，加入酱油、精盐、花椒水、葱丝、姜末、色拉油，旺火烧开，撇去浮沫，盖盖转微火炖 10 分钟，加味精调味即可。

蔬果养生汤

原料：红薯 1 个，香蕉 1 个，蘑菇、芹菜、南瓜各 25 克，盐适量。

 制作：

1. 红薯、南瓜去皮切条，蘑菇切条，芹菜切段并留少许叶，香蕉去皮切片。

2. 锅中添适量水，放入红薯、南瓜、蘑菇，大火烧开，改小火煮 5 分钟，再放入芹菜稍煮，加盐调味即可。

西兰花培根汤

原料：西兰花 200 克，小土豆 2 个，洋葱 1/4 个，培根 2 片，淡奶油 1 大匙，盐、黑胡椒碎少许，高汤适量。

制作：

1. 西兰花掰成小块，用盐水浸泡 15 分钟，用清水洗净；培根切小片，洋葱切碎，土豆蒸熟后去皮、切块。

2. 煎锅中不放油，用小火将培根片两面煎焦，将培根中的油脂煎出来后把培根片夹出。

3. 用锅中的油脂烹炒洋葱碎，随即放入西兰花一起翻炒，炒匀盛出。

4. 把炒好的洋葱、西兰花、熟的土豆块一同放入搅拌机中，加入适量高汤绞碎。

5. 把浓汤入锅烧开，调入盐和黑胡椒碎，出锅后在汤上挤上淡奶油，撒上培根片即可。

皮 蛋 黄 瓜 汤

> 原料：皮蛋2个，黄瓜1根，香葱、辣豆瓣酱、油、盐、鲜汤、面粉适量。

 制作：

1. 将黄瓜切成厚片；皮蛋切成块并裹上面粉。
2. 热锅热油，放入皮蛋炸熟后捞出控油。
3. 另起锅，倒入鲜汤，加盐调味，开锅后下入黄瓜和皮蛋，稍煮即可。

冬瓜胡萝卜山楂汤

> 原料：冬瓜300克，胡萝卜半根，山楂6个，盐适量。

制作：

1. 将冬瓜去皮切成块，胡萝卜和山楂分别洗净切成片。
2. 锅中添适量水，放入冬瓜、胡萝卜和山楂，大火煮沸。
3. 转中小火，炖至胡萝卜软烂，加盐调味即可。

芋头豆腐鲜虾汤

原料：小芋头 3 个，豆腐 1 块，对虾 2 个，植物油、香油、葱、姜、料酒、胡椒粉各适量。

制作：

1. 豆腐切小块，芋头去皮切小块，对虾洗净。

2. 炒锅注油烧热，放入对虾，加少许料酒翻炒，至变色盛出。

3. 砂锅中添适量开水，倒入炒好的对虾、芋头块、葱、姜，大火煮开，改小火炖 15 分钟。

4. 加入豆腐再煮 5 分钟。

5. 最后加盐、胡椒粉、香油调味即可。

洋葱胡萝卜浓汤

原料：胡萝卜 2 根，洋葱 1 个，橄榄油、盐、黑胡椒、香芹碎、低筋粉、盐、高汤各适量。

制作：

1. 胡萝卜洗净，用粉碎器打成泥；洋葱切成块。

2. 锅中注油烧热，下洋葱煸炒，出香味后添少许水，盖上锅盖炖片刻。

3. 洋葱变软后，用锅铲按碎，加入胡萝卜泥与洋葱混合，倒入高汤，继续盖盖炖，至胡萝卜泥软烂。

4. 将少许低筋粉用水调匀，淋入汤中勾芡，用锅铲搅拌均匀。

5. 撒上少许黑胡椒与香芹碎即可。

番 茄 鱼 丸 汤

原料：鱼丸 75 克，西红柿 2
个，油、盐、姜末、葱花各适量。

 制作：

1. 西红柿洗净切片。

2. 锅中注油烧热，下入姜末爆香，放入西红柿煸炒 1 分钟。

3. 添入适量清水，烧沸 2 分钟后加入鱼丸。

4. 鱼丸浮起后煮片刻，撒葱花，调入盐即可。

番 茄 胡 萝 卜 羹

原料：番茄 1 个，胡萝卜半
根，蜂蜜 1 汤匙。

 制作：

1. 将番茄洗净，在顶部表面划个十字刀口，放入热水中烫一下，刀口处卷起后捞出，剥掉番茄皮，去蒂切成大块；胡萝卜洗净、去皮、切段。

2. 将番茄块分次加入料理机，稍稍翻动后打成泥；胡萝卜段也打成泥。

3. 将番茄汁和胡萝卜泥混合后，调入蜂蜜，搅匀即可。

田园蔬菜汤

原料：瘦肉 75 克，南瓜 100 克，玉米、胡萝卜各 1 根，苹果、西红柿各 1 个，盐、生姜、料酒各适量。

 制作：

1. 将南瓜洗净，去皮切块；玉米洗净切小段，苹果去核、切块，胡萝卜洗净切块，姜切片，瘦肉洗净切大块，西红柿洗净切块。

2. 锅内添水烧开，加入瘦肉块，加姜片、料酒煮一下，捞出肉块冲净。

3. 把南瓜块、玉米块、苹果块、瘦肉块一起放入锅中，添入适量水，烧开后转小火，煲 1.5 小时，放入西红柿块再煲 10 分钟，撒少许盐即可。

香菇豆腐汤

原料：干香菇 25 克，水豆腐 400 克，鲜竹笋 50 克，豆油、香油、味精、精盐、胡椒粉、葱花、淀粉各适量。

制作：

1. 将香菇洗净，用温水泡发，去蒂、切成丝。

2. 炒锅注油烧热，投入竹笋丝略炒一下盛出，将泡香菇的水和适量清水倒入锅内煮开，投入香菇丝、笋丝、豆腐丁煮开，加进精盐、胡椒粉，再用湿淀粉勾芡，起锅后淋上香油即可食用。

番 茄 皮 蛋 汤

原料：番茄300克，皮蛋3个，绿叶蔬菜100克，菜油100克，精盐、姜少许，鲜汤1 000克。

 制作：

1. 将番茄洗净，用沸水烫后撕去皮，对剖切成片；将姜去皮洗净，切成末；将皮蛋剥去壳，对剖切成薄片；将绿叶蔬菜择洗干净。

2. 炒锅注油烧至六成热，投入皮蛋片炸酥起泡，添入鲜汤，放入姜末，烧至汤色微白时，再放入绿叶蔬菜煮熟，加精盐调好味，最后放入番茄片，煮沸起锅。

木耳菜心鸡蛋汤

原料：鸡蛋4个，水发木耳50克，菜心100克，盐、油、味精适量，浓白汤1 000克。

 制作：

1. 将鸡蛋磕入碗内调匀，木耳洗净。

2. 炒锅注油烧热，淋入蛋液，煎至两面微黄，用手勺将鸡蛋捣散，倒入汤，放入木耳、菜心、精盐、味精烧开，稍煮即可。

韩国辣酱豆腐汤

原料：韩国辣酱 2 匙（一定要正宗的韩国辣酱），白菜 3～5 片，金针菇 50 克，嫩豆腐 1/3 块（约 150 克），盐、鸡精各适量。

 制作：

1. 白菜洗净切细丝，豆腐切片。

2. 汤锅中添适量清水煮开，放入白菜丝（菜帮先放，叶子后放），白菜煮至透明状时，加入韩国辣酱，辣酱搅匀后，放入豆腐、金针菇、白菜叶，煮片刻后加盐、鸡精即可。

胡　辣　汤

原料：熟牛腱肉 100 克，面粉 100 克，红薯粉条 75 克，花生米 30 粒，干辣椒 2 个，葱白（切片）25 克，食用油、酱油、米醋各 10 毫升，干黄花菜 10 根，干木耳 6 朵，白胡椒粉 15 克，色拉油 25 克，香油 5 毫升，盐适量。

制作：

1. 将红薯粉条、干黄花菜和干木耳分别用温水浸泡 30 分钟，然后用流动水洗净；将黄花菜切小段，木耳切细丝，熟牛肉切薄片。

2. 面粉加少许水和成面团（软硬同饺子面相似），盖上湿布醒30分钟，再用适量水浸泡10分钟（将整个面团都浸泡在水中）。

3. 中火烧热炒锅中的油，爆香干辣椒和葱白片，放入牛肉片稍煸炒，加入1 500毫升水，改大火煮沸，加入花生米，改小火同煮，煮20～30分钟。

4. 反复抓洗泡好的面团和泡面团的水，当面团体积缩至原来的1/2、颜色变深时，面筋就洗好了，洗面筋的水留用。

5. 将洗好的面筋团分揪成约小拇指盖大小的面筋块，逐个下入煮牛肉和花生的汤中。煮沸搅动后，再加入红薯粉条、黄花菜和木耳丝，一同煮约10分钟。

6. 改大火，将整锅汤汁煮沸，添入洗面筋的水，充分搅匀，再次沸腾时调入酱油、鸡精和白胡椒粉，稍煮盛入汤盆，淋上米醋和香油即可。

家 常 豆 花 汤

原料：南豆腐1块，鲜蘑50克，清汤、盐、油、鸡精、酱油、胡椒粉、花椒粉、辣椒粉、花生酱、豆瓣酱、黑豆豉、葱花各适量。

🍲 制作：

1. 将豆腐切块，放入锅中，加适量水、少许盐稍煮一下，取出放入汤碗中；将鲜蘑切片后放入清汤中，加盐、鸡精、胡椒粉烧入味后，浇在豆腐上。

2. 炒锅注油烧至四成热，下入葱花、豆瓣酱、豆豉，炒香后加入花生酱、花椒粉、辣椒粉、酱油、鸡精、胡椒粉及少许水，炒匀出香味，取出放在豆腐中，撒上葱花即成。

奶油玉米浓汤

原料：无盐黄油 30 克，白洋葱 50 克，面粉 4 汤匙，新鲜土豆 1 个（约 200 克），金华火腿肉 25 克，鲜玉米粒 100 克，新鲜虾仁 50 克，清鸡汤 300 毫升，鲜奶油 50 毫升，盐、白胡椒粉少许。

制作：

1. 洋葱切小丁，土豆去皮切小丁；火腿洗净切丁，鲜虾仁洗净切碎末。

2. 将汤锅置于中火上，放黄油，融化后放入洋葱炒香软，约 2 分钟后加面粉下锅一起炒片刻，然后放入火腿粒及土豆炒 2 分钟；加鸡汤、鲜奶油及适量水搅匀，再加入盐和胡椒粉调味。

3. 盖上锅盖，小火煮 20 分钟，其间稍搅几次，待土豆煮软烂后，加入玉米煮 10 分钟。

4. 最后放入虾仁，稍煮即可。

虾皮紫菜汤

原料：虾皮 30 克，火腿 15 克，紫菜适量，鲜汤 750 克，香油、盐少许。

制作：

1. 将虾皮洗净；菜心洗净，切成长 3 厘米、宽 1 厘米的条，焯烫断生，捞出控水；火腿洗净切成小片。

2. 将锅置于火上，放入鲜汤，烧开后下入虾皮、火腿片，再烧开后撇去浮沫，略烧片刻后加入紫菜、盐继续煮5分钟。

3. 调好口味，淋入香油即可。

大 酱 汤

原料： 豆腐半块，西葫芦1个，土豆1个，金针菇25克，尖椒1根，五花肉50克，淘米水（第2遍的）750毫升，大酱3汤匙约45克，辣酱2汤匙约30克，蒜泥1汤匙约15克，盐少许。

制作：

1. 土豆去皮、切块；西葫芦洗净，带皮切成1厘米见方的块；尖椒去蒂、去籽后切成圈，豆腐切成1厘米见方的块，五花肉切成薄片。

2. 将淘米水倒入锅中，加入大酱和辣酱，用勺子慢慢搅动，使酱充分溶解在淘米水中。

3. 开大火煮开，放入土豆块煮3分钟，再放入五花肉，约15秒钟后，撇去浮沫转中小火。

4. 煮至土豆熟烂后，放入豆腐、西葫芦和金针菇煮5分钟，最后放入尖椒和蒜泥，煮约半分钟，调入盐搅匀即可。

花蟹冬瓜汤

原料： 新鲜花蟹1只，冬瓜100克，姜、广东米酒、油、盐、胡椒粉各适量。

制作：

1. 花蟹洗净，揭开壳，去内脏和蟹腮，斩块；冬瓜去皮、瓤洗净，切厚片。

2. 锅内注油烧热，爆香姜片，下入花蟹翻炒至变色，滴少许米酒，添适量清水，然后放入冬瓜，煮沸后焖10分钟，加入盐、胡椒粉调味即可。

香菇豆芽猪尾汤

原料： 鲜香菇、黄豆芽各150克，胡萝卜1根，猪尾500克，盐少许。

制作：

1. 猪尾剁成段，汆过捞起。

2. 香菇洗净、去蒂，切厚片；豆芽掐去须尾，洗净沥干；胡萝卜削皮、切块。

3. 将所有食材放入煮锅，添水至盖过食材，大火煮开，转小火煮30分钟，加盐调味即成。

五、滋 补 类

双 耳 鹌 蛋 羹

原料：银耳 10 克，黑木耳 10 克，香菇 20 克，何首乌汁 100 克，鹌鹑蛋 100 克，桂圆 20 克，高汤、湿淀粉各适量。

制作：

1. 银耳、黑木耳、香菇择去杂质、根，用水泡发好备用。

2. 鹌鹑蛋煮熟、去壳，桂圆取肉。

3. 锅中倒入高汤，下入银耳、木耳、香菇、何首乌汁、桂圆肉和鹌鹑蛋，中火炖 20 分钟，用湿淀粉勾芡即可。

莲 子 黄 花 汤

原料：猪肉 150 克，莲子 50 克，黄花菜 75 克，枸杞 10 克，盐、味精、葱油、清汤各适量。

制作：

1. 猪肉洗净，切丁、焯水备用。

2. 莲子、枸杞用温水泡开。

3. 锅中倒入清汤，放入猪肉丁、黄花菜、莲子、枸杞同煮 10 分钟，加精盐、味精调味，淋少许葱油即成。

地 黄 乌 鸡 汤

原料：生地黄 50 克，饴糖 250 克，乌鸡 1 只。

 制作：

1. 将乌鸡宰杀，去毛杂及内脏洗净。
2. 生地黄洗净，切成宽小条，与饴糖拌匀后装入鸡腹内。
3. 将鸡放入盆中，添适量水，置于蒸笼内，蒸熟即成。
4. 吃鸡，喝汤，食用时不加盐、醋等调味料。

参 芪 鸽 肉 汤

原料：党参 20 克，怀山、黄芪各 30 克，净白鸽 1 只，生姜 3 片，盐适量。

制作：

1. 将所备中药稍浸泡，洗净。
2. 白鸽洗净、切块，与生姜一起放瓦煲内，添入清水 2500 毫升，大火煮沸，改小火煲约 2 个小时。
3. 调入食盐即可。

党参黄芪炖鸡汤

原料：母鸡（柴鸡或绿乌鸡）1 只，党参 50 克，黄芪 50 克，红枣 10 克，姜片、料酒、精盐各适量。

🍲 **制作：**

1. 将母鸡下沸水锅中焯去血水、洗净，红枣洗净、去核；党参、黄芪洗净、切段。

2. 将鸡放入炖盅内，添适量水，放入党参、黄芪、红枣、料酒、精盐、姜片，入笼内蒸至鸡肉熟烂入味即成。

人参黄芪乌鸡汤

原料：活乌鸡1只，黄芪、枸杞、人参、天麻、川芎、白芍、麦门冬、桑寄生各2～3克，山楂、黄豆、莲子米、薏苡仁、红枣各20克，盐、胡椒、冰糖、姜片、料酒各少许。

🍲 **制作：**

1. 将活乌鸡宰杀，去毛杂、内脏洗净，切块后用清水浸泡，其间换水数次，至水清亮为止。

2. 将乌鸡块焯水捞起。

3. 砂锅添适量水，放入姜片和乌鸡块，大火煮3分钟，撇去浮沫。

4. 再放入除枸杞之外的配料，加入适量盐、胡椒、鸡精、料酒、冰糖，盖盖，小火煨3个小时，期间不要经常翻动，待水量耗去一半时，投入枸杞、红枣，煮15分钟即成。

枸杞百合鸽子汤

原料：净鸽子1只，干百合10克，枸杞20克，盐适量。

🍲 **制作：**

1. 将鸽子洗净、切块。

2. 干百合用开水飞水，枸杞洗净。

3. 将鸽子肉和百合放入汤锅，烧开后用小火煮 30 分钟，最后放入枸杞煮开，加盐即可。

海带枸杞排骨汤

原料：排骨 500 克，水发海带 100 克，枸杞 20 粒，红枣 6 个，干香菇 4 朵，葱 1 段，姜 1 块，白醋、盐适量。

🍲 **制作：**

1. 将海带洗净、切段儿。

2. 锅内添水烧开，淋几滴醋，下入海带段焯烫约 2 分钟，捞出洗净。

3. 排骨斩段，浸泡去掉血水，洗净后放入开水锅，烫至变色后捞出，冲洗备用。

4. 干香菇用温水泡软，葱切段儿，姜切片。

5. 锅中添入适量清水，放入除枸杞外的所有原料，大火煮开，转小火煮约 1.5 小时，加入枸杞、调入盐，继续煮 5 分钟即可。

花生红枣猪蹄汤

原料：猪蹄 2 个，红枣 10 枚，花生 30 粒，姜 10 片，盐适量。

制作：

1. 姜去皮切片，红枣洗净去核，花生洗净用清水浸泡备用。

2. 猪蹄剁成小块，放入锅高压中，倒入清水（没过猪蹄大约 2 厘米），大火煮开后撇去浮沫，加入姜片、盐、红枣和花生。

3. 盖上锅盖，加压，上气后，用中火炖 20 分钟。

4. 关火后自然放气，待气全部放完，盛出即可。

羊肉怀山苁蓉汤

原料： 瘦羊肉 300 克，粳米 50 克，怀山药 50 克，肉苁蓉 20 克，菟丝子 10 克，羊脊骨 1 具，胡桃仁 2 个，葱白 3 根，姜 10 克，料酒 10 克，八角、花椒、盐、胡椒粉少许。

制作：

1. 将羊脊骨剁成数节，用清水洗净；羊肉洗净后氽去血水，冲净后切成块。

2. 将怀山药、肉苁蓉、菟丝子、核桃仁用纱布袋装好、扎紧，生姜拍破，葱切段。

3. 将中药及食材同时放入砂锅内，添入适量清水，大火烧沸，去除浮沫。

4. 再放入花椒、八角、料酒，转小火炖至肉烂，加胡椒粉、食盐调味即可。

莲子百合鸡汤

原料：土鸡块 300 克，干莲子 50 克，干百合 30 克，姜、枸杞子、盐、料酒适量。

 制作：

1. 将干莲子和干百合用清水浸泡 2 小时备用。
2. 姜去皮，洗净、切成片；枸杞子冲净，用清水泡软。
3. 土鸡块洗净，放入沸水中氽烫，去除血水，捞起沥干水分。
4. 取炖盅，添入适量水，放入莲子、百合、土鸡块、姜片、料酒，大火煮沸后转小火炖约 2 小时，加盐调味。
5. 将浸泡好的枸杞子捞出，沥干水分，放入炖盅略煮即可。

银耳雪梨炖瘦肉

原料：银耳 10 克，雪梨 75 克，猪瘦肉 150 克，蜜枣 1 个。

 制作：

将猪肉洗净、飞水、切块，与洗净的银耳、切块的雪梨和蜜枣放入炖盅内，添适量清水，隔水炖 1 小时即可。

罗汉果杏仁猪肺汤

原料：猪肺 1 个，罗汉果 1 个，甜杏仁 15 克，百合 15 克，盐适量。

制作：

1. 买来猪肺不要切开，通过大气管往里面冲水，猪肺会慢慢的膨胀变大。

2. 抓住肺叶用力把水挤出来，再通过大气管往里冲水，再挤水，如此反复多次，直至冲洗干净猪肺里面的血水，猪肺变白。

3. 把猪肺切成小块放盆里冲洗，捞起来再冲洗，重复几遍。

4. 锅内添入凉水，放入猪肺大火煮开，猪肺受热收缩，会有大量浮沫挤出，水开后煮1分钟左右，将猪肺捞入盆里冲净浮沫，沥干备用。

5. 罗汉果、南杏仁和百合洗净。

6. 锅内重新添水，将罗汉果敲碎，和杏仁、百合、猪肺一起倒入锅内。

7. 大火煮开，转小火煲1个小时。

8. 加盐调味即可。

沙参玉竹猪肺汤

原料：猪肺1个，猪瘦肉150克，玉竹、沙参各30克，陈皮1块，蜜枣3粒，盐少许。

 制作：

1. 把猪肺的喉管套在水龙头下，灌满水挤出，反复多次，直到猪肺里的血污冲净为止，再把猪肺切成适中的块，余水捞起沥干，下到热锅（不用放油）中，大火翻炒至除去大部分水分，盛起备用。

2. 猪瘦肉洗净切块，余水捞起。

3. 沙参、玉竹、蜜枣洗净，陈皮用清水泡软、刮去白瓤。

4. 煮沸清水，放入所有原料，大火煮开，转中小火煲2个小时，加盐调味即可。

桑杏炖猪肺

原料：桑叶 3 克，北杏 3 克，猪肺 100 克。

 制作：

将猪肺冲洗干净切块，与洗净的桑叶、杏仁放入炖盅内，加水 300 毫升，隔水炖 2 小时即成。

当归党参瘦肉汤

原料：党参 25 克，当归头 25 克，陈皮少许，红枣 4 枚，瘦猪肉 250 克，盐适量。

 制作：

1. 瘦肉洗净、切块，焯水备用。

2. 将当归头切片，党参切段，和陈皮一起用纱布包成中药包；红枣洗净去核。

3. 瓦煲内添入适量清水烧至滚沸，放入瘦肉块、中药包和红枣，汤沸后用小火慢炖 3 小时，加盐调味即可。

茯苓芝麻瘦肉汤

原料：黑芝麻 50 克，干菊花 10 朵，猪里脊肉 300 克，茯苓 50 克，姜 3 片，盐适量。

制作：

1. 将茯苓、干菊花冲净，黑芝麻洗净后稍浸泡。

2. 瘦肉洗净、切块，焯水。

3. 锅里添适量清水煮沸，下入茯苓、黑芝麻、瘦肉和姜片，大火煮 5 分钟后转小火煲 1 小时，放入菊花再煲 10 分钟，加盐调味即可。

党参麦冬瘦肉汤

原料：党参 20 克，麦冬 15 克，五味子 10 克，猪瘦肉 200 克，姜 1 片，盐适量。

 制作：

1. 将党参、麦冬和五味子洗净。

2. 猪瘦肉洗净切大块，余水捞出。

3. 炖盅里倒入煮沸的开水，放入全部食材，隔水炖 1.5 小时，加盐调味即可。

无花果瘦肉汤

原料：无花果 2 个，瘦肉 100 克，蜜枣 1 个。

 制作：

将猪肉洗净、飞水、切块，与蜜枣、洗净的无花果放入炖盅内，添适量水，隔水炖 2 小时即可。

山 药 羊 肉 汤

原料：羊瘦肉 500 克，山药 200 克，胡萝卜 200 克，香菜 20 克，大葱 10 克，姜 5 克，植物油 20 克，料酒 10 克，盐、胡椒粉、香油适量。

制作：

1. 羊肉剁成 2 厘米见方的块，放入沸水锅中撇去血沫，捞出后用清水冲净，放入汤锅中，加葱、姜块、盐等调料，用慢火炖至肉软汤浓。

2. 山药、胡萝卜去皮切滚刀块，加羊汤、盐等入笼蒸。

3. 蒸好后取出，放入羊肉锅中。

4. 撒入胡椒粉、香菜末，淋上香油即可。

人 参 羊 肉 汤

原料：人参 10 克，芡实 15 克，莲子（去心）、怀山各 15 克，大枣 10 克，羊肉 500 克，香油、精盐各适量。

制作：

1. 将羊肉洗净，切成小块。

2. 锅内添适量水，放入羊肉块、人参、芡实、莲子、怀山、大枣，旺火煮沸，改小火炖至肉熟透，加入香油、精盐调味即成。

杜 仲 炖 鸡

原料：净嫩母鸡1只，杜仲 20克，生姜5片。

🍲 制作：

鸡洗净，去油脂，放炖锅里，添适量清水，加入杜仲、姜片，盖盖，隔水小火炖4小时，调味即可。

火 腿 炖 双 鸽

原料：净乳鸽2只，金华火腿 75克，水发香菇50克，猪瘦肉150 克，生姜5片，黄酒、精盐各适量。

🥄 制作：

将乳鸽洗净，与瘦肉一同用沸水烫一下后放入炖锅内，加入洗净去蒂的香菇、火腿、姜片、黄酒及适量沸水，盖盖，隔水用小火炖3小时，加盐调味即可。

北芪党参炖羊肉

原料：羊腿肉500克，北芪、党参、姜片各25克，黑枣10颗。

🍲 制法：

1. 羊腿肉切成大块，放入沸水锅焯过，捞起用清水冲一下，放入炖器，生姜片铺在羊肉上。

2. 黑枣洗净、去核，与北芪、党参同入炖器内，添适量沸水，盖盖，隔水小火炖 1 小时，加精盐调味即可。

南北杏川贝炖鹧鸪

原料：净鹧鸪 150 克，南杏、北杏、川贝各 5 克，姜片适量。

 制作：

将鹧鸪洗净，加姜、葱飞水，与洗净的南杏、北杏、川贝一起放入炖盅内，添 300 毫升水，隔水、中火炖 2 小时即成。

红萝卜竹蔗煲猪肉汤

原料：红萝卜 250 克，竹蔗 200 克，猪肉 150 克，蜜枣 1 个。

制作：

1. 红萝卜去皮洗净，切成小段；竹蔗洗净后砍成小段；猪肉洗净，切成粗件。

2. 将红萝卜、竹蔗、猪肉、蜜枣同放瓦煲内，慢火煲 2 小时，调味即可。

猪 蹄 皮 冻

原料：新鲜猪蹄 1 个，红枣、枸杞、盐、鸡精、葱末各适量。

制作:

1. 猪蹄洗净，用开水烫一下，捞出备用。

2. 锅内添适量水，放入猪蹄、红枣、枸杞，小火慢炖 1.5 小时。

3. 汤色变黄后，加入盐、鸡精、葱末即可，趁热喝汤。

4. 把猪蹄捞出，剔掉骨头，皮和肉重新放回锅里，在剩下的汤中再煮片刻，捞出装在平口的盘子里，用保鲜膜套上，放入冰箱冷冻层，15～20 分钟后取出，猪蹄皮冻成型，切成小块儿即可食用。

醋姜猪蹄汤

原料: 新鲜猪蹄 3 个，生姜 8 片，香醋 2 匙，红糖（或冰糖）少许，葱花、香菜适量。

制作:

1. 猪蹄洗净后用开水烫一下，捞起备用。

2. 把所有食材放入锅里，大火煮开，改小火慢炖 1 小时。

3. 喜甜味者，可以加入少许红糖或冰糖；不喜甜味者，可以加入葱花和香菜调味。

黑木耳红枣汤

原料: 水发黑木耳 50 克，红枣 10 枚，白糖适量。

制作:

锅内添入适量水，下入黑木耳和红枣煮熟，加入白糖即可。

枸杞红枣花生汤

材料：枸杞 25 克，去核红枣 10 枚，当归 6 片，花生 20 粒。

 制作：

将所备材料洗净，小火熬至汤色发红即可。

黑木耳猪肝汤

原料：猪肝 300 克，黑木耳 25 克，生姜 1 片，红枣 2 枚，盐少许。

制作：

1. 将黑木耳用清水发透，洗净备用。

2. 猪肝、生姜、红枣分别洗净，猪肝切片，生姜刮皮，红枣去核。

3. 煲内添入适量清水，大火烧开，放入黑木耳、生姜和红枣，用中火煲 1 小时，加入猪肝，至猪肝熟透，加盐调味即可。

苹果鲜鱼汤

原料：苹果 3 只约 500 克，鲜鱼 1 条约 150 克，生姜 2 片，红枣 10 枚，油、盐少许。

制作：

1. 鲜鱼去鳞、鳃，用清水冲净鱼身，抹干。

2. 苹果、生姜、红枣洗净，苹果去皮、去蒂切块，生姜去皮切片，红枣去核。

3. 炒锅注油烧热，先放入姜片，再放鱼，煎至鱼身呈微黄色。

4. 将鱼放瓦煲内，添入适量清水，大火烧开。

5. 加入上面所备食材，改用小火煲2个小时，加盐调味即可。

枸 杞 猪 肝 汤

原料：猪肝300克，枸杞子50克，生姜2片，盐少许。

制作：

1. 猪肝、生姜、枸杞子分别洗净。

2. 猪肝切片，生姜去皮切片。

3. 将枸杞、生姜添适量清水，用大火煮10分钟，改中火煲50分钟左右，之后放入猪肝，待猪肝熟透，加盐调味即可。

洋参猪血豆芽汤

原料：新鲜猪血250克，黄豆芽（去根和豆瓣）200克，西洋参15克，猪瘦肉150克，生姜2片，盐少许。

制作：

1. 将所备食材洗净，西洋参和瘦肉切片，生姜去皮切片。

2. 瓦煲内添入适量清水，大火烧开。

3. 放入全部食材，改小火煲 1 小时，加盐调味即可。

当归土鸡汤

原料：净土鸡半只，当归、花生仁、红枣、黑木耳、姜片、盐、胡椒粉各适量。

 制作：

1. 将土鸡切块洗净。

2. 锅内添适量水烧开，倒入鸡块焯水后捞起。

3. 将焯好水的鸡块放入高压锅，添水（没过鸡肉约 1 厘米），加入姜片、当归、花生仁、黑木耳一起炖。

4. 炖约 40 分钟关火，加入盐、胡椒粉调味即可。

生地党参瘦肉汤

原料：瘦肉 250 克，生地 20 克，党参 15 克，枸杞 20 粒，盐适量。

 制作：

1. 将生地洗净切块，瘦肉洗净切块；党参、枸杞子洗净。

2. 锅内添适量水，倒入所备食材，大火烧开，撇去浮沫。

3. 改小火慢煲 1.5 个小时，关火前 5 分钟加盐即可。

生地麦冬排骨汤

原料：排骨 250 克，生地 15 克，麦冬 15 克，盐适量。

制作：

1. 排骨洗净剁成小块，飞水备用。

2. 生地、麦冬分别洗净，用清水浸泡 1 小时。

3. 将飞过水的排骨放入砂锅中，大火煮开，撇去浮沫，再放入生地和麦冬，改小火煲 1 小时，加盐调味即可。

川贝蜜枣排骨汤

原料：排骨 300 克，川贝 75 克，蜜枣 10 粒，姜 2 片，盐适量。

制作：

1. 将川贝泡水 10 分钟。

2. 将排骨洗净、汆烫，捞出备用。

3. 将所备食材放入炖盅，添入热水，放入蒸锅中炖 1.5 小时，加盐调味即可。

生地木棉花瘦肉汤

原料：生地 60 克，木棉花 50 克，陈皮 1/4 个，猪瘦肉 300 克，生姜 3 片，盐、油各适量。

制作：

1. 将所备食材洗净，陈皮浸泡、去瓤，猪瘦肉整块不切。

2. 将猪瘦肉与生姜放瓦煲内，添入清水 2500 毫升（约 10 碗水量），大火煮沸后改小火煲约 2 个小时，调入适量盐、油即可。

戟仲海龙瘦肉汤

原料：巴戟 60 克，海龙 15 克，杜仲 15 克，猪瘦肉 300 克。

 制作：

1. 将巴戟、海龙、杜仲洗净，猪瘦肉洗净切块。

2. 将全部食材放入锅内，添适量清水，大火煮沸，改小火煲 2 小时，调味即可。

杜仲巴戟炖猪腰

原料：猪腰 1 个，猪瘦肉 200 克，杜仲 15 克，巴戟 30 克，蜜枣 1 个，枸杞、盐、白酒适量。

制作：

1. 猪腰去掉臊腺，与猪肉分别洗净、切块，用加有白酒的开水汆烫一下捞出冲洗沥干。

2. 杜仲和巴戟洗净，切成 1 厘米的小段，蜜枣、枸杞洗净。

3. 锅中添适量清水烧开，倒入杜仲、巴戟、蜜枣、枸杞，煮 10 分钟后加入猪腰、猪肉，煲 1 小时。

4. 加盐调味即可。

元肉洋参炖猪腰

原料：猪腰 2 只，瘦肉 200 克，陈皮 1 块，洋参、元肉（龙眼肉干）各 20 克，盐、油、生粉、米酒各适量。

制作：

1. 猪腰洗净，剔除臊腺（白色筋膜）、切去油膘，用盐、油、生粉、米酒抓洗 3～5 分钟，然后用水冲洗干净（可以有效除臊），再和切好件的瘦肉一起用热水烫过。

2. 将猪腰、瘦肉和陈皮一同放入炖盅，添适量水，隔水炖 2 小时，再加入洗净的元肉、洋参焗半小时即可。

四 神 猪 肚 汤

原料：猪肚半只，云苓（白茯苓）、芡实各 10 克，干怀山、莲子、薏米各 15 克，米酒 250 毫升，香葱 4 根，姜 6 片，面粉、油、醋、盐各适量。

制作：

1. 用剪刀从一侧将猪肚剖开，用尖刀刮净里外两面的油膘污物，冲洗干净放入水槽摊平，涂抹上适量面粉、食油和醋，反复揉搓约 5 分钟后用清水冲净黏液，再至少重复一次。

2. 锅中添适量水，加入 3 片姜、两根葱和半碗米酒，烧开后放入猪肚，煮 3～5 分钟至猪肚变硬后捞起，冷却后切成约 1.5 厘米宽的肚条备用。

3. 把云苓、怀山、莲子、薏米、芡实冲洗干净，将余下 2 根香葱洗净、切段。

4. 煮锅中添适量水，放猪肚条、上述四味中药材和薏米、姜、葱等入锅，再加入半碗米酒，大火煮 10 分钟，转小火煲 2 小时，加盐调味即可。

芡实猪肚汤

原料：猪肚 1 个，芡实 30 克，莲子 30 克，红枣 10 个。

制作：

1. 将猪肚翻转把里外洗净，放入锅内，添适量清水煮沸，捞起沥水，用刀刮净内外油膘污物。

2. 芡实、红枣洗净，红枣去核、莲子去心后用清水浸泡 1 小时，捞起，一同放入猪肚内，捆扎牢固备用。

3. 猪肚放入锅内，添适量清水，大火煮沸，改小火煲 2 小时，加盐调味即可。

功效：

健脾胃，益心肾，补虚损。

甘菊猪肚汤

原料：猪肚 1 个，甘菊 10 克，老姜数片，上汤 750 毫升，盐、胡椒粉、味精各适量。

制作：

1. 将猪肚收拾干净，下开水锅煮 3 分钟，捞起冲净后浸凉水至凉透，去白膜、切成大片。

2. 将肚片、姜片、甘菊放入汤锅，加入上汤烧沸，用小火煨1.5 小时。

3. 加盐、胡椒粉、味精调味即可。

杜仲核桃猪尾汤

原料：猪尾 1 条，杜仲 30克，怀牛膝 60 克，花生仁 75 克，核桃仁 50 克，蜜枣 5 个。

制作：

1. 提前 2 小时将花生、核桃用清水浸泡。

2. 怀牛膝和杜仲洗净备用。

3. 猪尾剔净毛、洗净，斩成小段，氽水捞起。

4. 瓦煲添适量清水烧开，放入所有食材，大火煮沸，转小火煲 3 小时，加盐调味即可。

续断杜仲煲猪尾

原料：猪尾 400 克，杜仲 30 克，续断 20 克，盐少许。

制作：

1. 将续断、杜仲洗净，装入纱布袋内，扎紧袋口。

2. 将猪尾去毛洗净，与药袋一同放入砂锅内，添适量水。

3. 大火煮沸，改小火煮 40 分钟，至猪尾熟烂。

4. 加盐调味即可。

杜仲山楂猪肚汤

原料：杜仲 30 克，山楂 20
克，猪肚 1 只，姜 5 克，葱 10
克，大蒜 10 克，盐少许。

制作：

1. 把杜仲用盐水炒焦，山楂去核切片，猪肚洗净，姜切片，葱切段，大蒜去皮。

2. 把盐在猪肚里外两面抹匀，把杜仲、山楂、姜片、葱段装入猪肚里，猪肚置锅内，添清水 2 000 毫升，大火上烧沸，去浮沫，改小火炖 1.5 小时。

3. 捞起猪肚，切成 5 厘米见方的块儿，加入汤即可食用。

人 参 莲 子 汤

原料：白人参 10 克，去心莲
子 15 克，冰糖 30 克。

制作：

将人参、莲子放碗内，添适量水，浸泡至透，加入冰糖，放入锅中，隔水蒸 1 小时即可。

猪 蹄 参 竹 汤

原料：猪蹄 500 克，南杏、
太子参、沙参、玉竹、生地、蜜
枣、麦冬、百合各 5 克。

制作：

1. 将所备食材洗净，再与洗净焯过的猪蹄一同放入煮锅中，添适量清水，大火煮开，去浮沫。

2. 将整锅汤倒入电炖锅中，盖好锅盖，通电，选用中火炖 2 小时即可。

天 麻 炖 鸡 汤

原料：活鸡 1 只，天麻、玉竹、沙参片各 10 克，枸杞子 15 克，姜、葱、盐各适量。

 制作：

1. 将活鸡宰杀，去除毛杂、内脏洗净；天麻、玉竹、沙参片洗净，沥干水分。

2. 枸杞子用清水泡软，姜洗净切片，葱洗净切葱花。

3. 锅内倒入适量水煮沸，将鸡整个放入锅中氽烫，去除杂质和血污，捞出后用水冲净。

4. 整鸡、天麻、玉竹、沙参片、枸杞子、姜片装入炖盅内，添适量水炖 2 小时，加盐调味，撒上葱花即可。

甘 蔗 雪 梨 汤

原料：雪梨 1 个，甘蔗 1 节，金银花 10 克。

制作：

1. 雪梨洗净切 4 瓣；甘蔗，去皮、劈小块，金银花用清水冲一下。

2. 锅内添水，将所有食材下锅，大火烧开，改小火煮。约30分钟即可。

生地茯苓鸡腿汤

原料：鸡腿 380 克，猫爪草 10 克，生地 50 克，云灵 50 克，土茯苓 30 克，白芍 5 克，蜜枣 4 个。

 制作：

1. 将鸡腿洗净，放入开水锅中焯烫一下。

2. 将猫爪草、生地、云灵、土茯苓、白芍放入煮锅中，盖锅盖儿，大火煮滚、焯烫，捞起洗净。

3. 将全部食材放入煮锅中，添入适量清水，大火煮开。

4. 整锅汤倒入电炖锅中，盖上锅盖，通电，中火炖 2 小时即可。

土茯苓骨头汤

原料：猪脊骨 500 克，芡实 50 克，薏米 30 克，土茯苓（干）30 克，盐适量。

制作：

1. 将猪骨洗净，芡实、薏米、土茯苓洗净。

2. 瓦煲内添适量水，放入猪骨、芡实、薏米、土茯苓，大火烧开。

3. 撇去浮沫，改小火慢煲 1.5 小时，关火前加盐调味即可。

乌鸡枣杞汤

原料：净乌鸡 1 只，大枣、枸杞、桂圆、盐、姜、八角、桂皮各适量。

 制作：

1. 去除乌鸡肚子里的油和鸡屁股，斩成小块，下开水锅烫过。

2. 用温水冲洗几次，冲去污物和血沫，然后放入砂锅中。

3. 加入大枣、枸杞、桂圆、姜、八角、桂皮。

4. 添适量水，大火烧开 10 分钟，转为小火，炖约 2 小时，最后加盐调味即可。

十珍乌鸡汤

原料：净乌鸡（母）1 只，明参、黄芪、山药、薏仁各 50 克，当归、莲子各 20 克，党参、百合、红枣各 30 克，枸杞 15 克，盐适量。

制作：

1. 乌鸡洗净汆水，配料全部洗净。

2. 将汆过水的乌鸡放炖锅中，添入快满锅的水，大火烧开，加入明参、当归、黄芪、党参、莲子，煮沸后去浮沫，改微火煲半小时。

3. 再加入山药、百合、薏仁继续煲。

4. 前后共煲 1.5 小时，再加入红枣、枸杞、适量盐，再煲 30 分钟即可。

枣杞乳鸽汤

原料：净乳鸽 2 只，枸杞 20 颗，大枣 10 颗，葱 1 段，姜 3 片，盐、香油少许。

 制作：

1. 红枣和枸杞先用清水浸泡。

2. 鸽子洗净氽过，放锅里，加入葱段、姜片及适量水烧开。

3. 去浮沫，放入大枣，转小火慢炖 2 小时，然后将泡好的枸杞放入锅中，加入少许盐和几滴香油即可。

霸王花煲猪骨

原料：扇骨 500 克，霸王花 3 颗，红枣 6 颗，生姜 1 块，黄酒、香醋、盐各适量。

制作：

1. 扇骨用流动水冲洗干净；霸王花用清水浸泡 15 分钟，冲洗干净。

2. 扇骨与生姜一起凉水入锅，大火煮开 2 分钟，边煮边撇去浮沫。

3. 焯水后的扇骨捞出，用温水洗净。

4. 将所有食材放入砂煲，添适量开水，大火烧开后加入少许黄酒、数滴香醋。

5. 转小火煲约 2 小时，加少许盐调味即可。

当 归 猪 骨 汤

原料：猪蹄骨 500 克，黑豆 100 克，当归 25 克，阿胶 15 克，大枣适量。

 制作：

1. 猪蹄骨洗净、斩块，黑豆、大枣（去核）洗净，当归洗净切片。

2. 锅中添水烧开，放入猪蹄骨焯约 5 分钟捞出。

3. 将猪脚骨、当归、黑豆、大枣放瓦煲内，添适量清水，用小火煲 2 小时，再加入阿胶烧化，搅匀后再煲半小时，加盐调味即可。

天 麻 鸡 汤

原料：天麻片 30 克，净老母鸡 1 只。

制作：

1. 将鸡洗净，将天麻片放入鸡腹中。

2. 整鸡放入砂锅内，添水，没过鸡背 2 厘米，用小火煨至鸡烂透即成。

3. 分数次饮汤吃肉。可每周煨制 1 次，连续食用 3～4 周。

天麻菊花兔肉汤

原料：兔肉 200 克，天麻 15 克，菊花 30 克，姜 10 克，精盐适量。

 制作：

1. 将兔肉洗净切块，用开水焯透后捞出沥水；将天麻、菊花分别洗净。

2. 将以上用料一同放入炖盅内，添入适量开水，盖好盖，用小火隔水炖 3 小时，取出加精盐调好口味即可。

鹌 鹑 枸 杞 汤

原料：鹌鹑 1 只，杜仲 20 克，枸杞头 30 克，熟植物油 50 毫升，精盐、胡椒粉、酱油、姜、葱各适量。

制作：

1. 鹌鹑去毛杂内脏，洗净后切成块；杜仲、枸杞头洗净，置于纱布袋内扎口。

2. 锅内添入适量水，将鹌鹑及杜仲、枸杞一同放入，大火沸炖，改小火炖 1 小时，待鹌鹑肉熟，拣去杜仲纱袋，加入将植物油、胡椒粉、生姜，再炖 5 分钟后加入、酱油及姜、葱即可。

灵芝枸杞乌鸡汤

原料：净乌鸡 1 只，灵芝 15 克，怀山 30 克，枸杞 20 克，生姜 3 片。

制作：

1. 将乌鸡洗净，斩成小块；灵芝、枸杞、怀山洗净。

2. 将乌鸡块儿焯水，沥干水分。

3. 汤锅内添适量水，放入鸡块、灵芝、枸杞、怀山、生姜片，大火烧开后转小火，煲 2 个小时即可。

芪苓当归乌鸡汤

原料：乌骨鸡肉 200 克，黄芪 30 克，茯苓、当归各 15 克，肉桂 5 克，党参 20 克，盐适量。

制作：

1. 将乌骨鸡肉洗净，切成丝；各种药材洗净，用纱布包裹好。

2. 将所有原料一同放入砂锅中，煮 30 分钟，去掉药包，加盐调味即可。

双乌归精汤

原料：乌骨鸡 1 只，水发乌贼鱼肉 500 克，当归 30 克，黄精 60 克，葱白、生姜、料酒、精盐各适量。

制作：

1. 将乌骨鸡宰杀，去毛杂内脏洗净；将当归、黄精洗净，用纱布包扎好，塞入鸡腹中。

2. 将乌骨鸡放入锅内，添入适量清水，旺火烧沸，撇去浮沫，加入水发乌贼鱼肉、生姜、料酒、葱白和精盐，改用小火炖至鸡肉熟烂即成。

参 枣 鱼 汤

原料：鲢鱼头 1 个，党参 15 克，红枣 10 枚，生姜 3 片，料酒、植物油、精盐、香油各适量。

 制作：

1. 将鲢鱼头去鳃洗净，放入烧热的油锅中煎至发黄。

2. 将党参和红枣洗净，放入锅中，添入适量清水，大火烧沸，改用小火炖半小时，下入鲢鱼头、料酒和姜片，再炖 20 分钟，撒入精盐，淋入香油即成。

石 耳 鸡 汤

原料：净鸡肉 400 克，石耳 20 克，鸡蛋清 50 克，精盐、生姜、料酒、胡椒粉、淀粉各适量。

制作：

1. 将石耳去除杂质，用温水泡开，洗净后切斜块；鸡肉洗净后剞花刀，加入鸡蛋清、生姜、料酒、精盐和淀粉拌匀上浆。

2. 锅置于旺火上，倒入适量清水，放入鸡肉，煮至四成熟时，加入石耳，盖上锅盖，改用小火煮 1.5 小时，撒入精盐和胡椒粉即成。

花菇鹿茸牛尾汤

原料：牛尾 200 克，干花菇 50 克，鹿茸 1 小段，洋葱块、姜片、黄酒、盐、大枣、枸杞、料酒各适量。

🍲 **制作：**

1. 牛尾切块，用凉水泡 2 小时以上，中间换水，去掉污血，然后冷水下锅，加料酒、姜片飞水。
2. 干花菇用温水泡好，鹿茸冲洗干净切成片。
3. 汤锅添适量水，下入牛尾，大火烧开后去浮沫，加入姜片、洋葱块、黄酒，改小火煲 2 小时。
4. 花菇挤去水分，与洗好的大枣、枸杞一同入锅，再煲 1 小时，加盐调味即可。

枸 杞 羊 肉 汤

原料：羊肉 150 克，羊腰子 100 克，枸杞子 50 克，姜 10 克，胡椒粒 5 克，清汤 1 500 毫升，盐、糖各少许。

🍲 **制作：**

1. 羊腰子去臊洗净切块，羊肉洗净切蚕豆大小的块，分别汆水捞出洗净。

2. 枸杞子洗净，姜切片。

3. 净锅放入清汤、羊肉、羊腰子、胡椒粒、姜片，烧开后转小火炖 50 分钟，加入枸杞子后再炖 5 分钟，加盐、糖调味即成。

羊肉枸杞怀山药汤

原料：怀山药 400 克，羊肉 300 克，枸杞子 15 克，料酒 20 毫升，酱油 10 毫升，精盐 3 克，白糖 2 克，色拉油 50 克，胡椒粉 2 克，香油 10 毫升，葱段 15 克，姜片、蒜片各 10 克，八角、桂皮各 5 克，鲜汤 1 000 毫升。

制作：

1. 羊肉洗净切小块；怀山药去皮洗净切滚刀块，泡在淡盐水中。

2. 炒锅注油烧热，放入羊肉块煸炒至变色，加入料酒、酱油、鲜汤、葱段、姜片、蒜片烧开片刻。

3. 再加入山药块、精盐、白糖、胡椒粉、八角、桂皮，用小火炖至熟烂。

4. 最后加入枸杞子略烧，装盆即成。

参须枸杞炖羊肉

原料：参须 15 克，枸杞 20 克，羊肉 500 克，姜 2 片，绍兴酒少许，盐适量。

制作：

1. 将参须、枸杞先泡水 10 分钟。

2. 锅烧热，放入羊肉，加姜片干煸 3 分钟，使羊肉中的污水、油脂渗出，然后放入热水中汆烫，捞起沥水。

3. 将羊肉切块，和参须、枸杞、姜片、绍兴酒一同放入锅中，小火焖 20 分钟。

4. 移入炖盅，放入蒸锅中，中小火炖 2 小时，起锅前加盐调味即可。

红枣当归羊肉汤

原料： 羊排肉 500 克，当归 20 克，红枣 25 克，桂圆肉 15 克，枸杞 15 克，姜、盐各适量。

 制作：

1. 羊肉洗净，切成大块，放入沸水锅中焯烫 2 分钟，捞出冲净。

2. 姜去皮、拍碎，红枣洗净、去核。

3. 当归、桂圆肉、枸杞漂洗一下。

4. 汤锅添入 1 500 毫升清水，放入羊排肉、姜碎、当归、桂圆肉、红枣大火煮沸，改用小火焖 1.5 小时。

5. 加入枸杞再焖 10 分钟，加盐调味即成。

羊 肉 归 芪 汤

原料： 羊肉 300 克，当归、黄芪各 5 克，姜片 10 克，羊骨汤 750 克，盐、糖、胡椒粉少许。

制作：

1. 黄芪、当归洗净；羊肉切蚕豆大小的丁，余水。

2. 锅中放入羊骨汤、羊肉、姜片、黄芪、当归，大火烧开，转小火炖 50 分钟；加盐、糖、胡椒粉调味即成。

山药归精羊肉汤

原料：山药 50 克，当归、黄精各 15 克，羊肉 150 克，盐适量。

 制作：

1. 羊肉洗净、余烫。

2. 将山药、当归、黄精装入药料包。

3. 汤锅添入适量水，下入药料包，放入羊肉，煮沸撇除污沫，转小火焖 50 分钟至羊肉熟烂，加盐调味即可。

党参枣杞羊肉汤

原料：羊肉 500 克，党参、红枣、枸杞各 15 克，生姜 1 块，料酒 10 毫升，胡椒粉、精盐、白糖少许。

制作：

1. 羊肉洗净，切成小块，入沸水锅内煮 2～3 分钟，捞出冲净血污浮沫。

2. 党参切段，与红枣、枸杞一起洗净；生姜洗净、切片。

3. 汤碗内放入羊肉块、生姜片、党参段、红枣、枸杞、精盐、白糖、胡椒粉、料酒，添适量水，上屉，上汽后用中火蒸 1 小时即成。

栗子羊肉汤

原料：羊肉 250 克，栗子肉 100 克，羊肉汤适量，湿淀粉、精盐、生姜汁、黄酒、白胡椒粉、姜片、葱段各适量。

制作：

1. 羊肉洗净，切成 1 厘米见方的小丁，加精盐、黄酒、生姜汁拌匀，腌制 15 分钟。

2. 栗子肉煮至四成熟，捞出晾凉，每粒切成 4 瓣（小粒 2 瓣）。

3. 锅内放入羊肉汤、姜片、葱段、黄酒、羊肉丁、栗子丁，烧开后改中火炖至羊肉熟烂，加盐、胡椒粉调味，用湿淀粉勾芡即成。

当归羊肉汤

原料：羊肉 300 克，生姜 250 克，当归 150 克，葱 50 克，料酒 20 毫升，胡椒粉、盐少许。

制作：

1. 羊肉、剔去筋膜洗净，入沸水锅氽去血水，捞出晾凉，切成厚肉条。

2. 当归、生姜洗净切大片，大葱切段。

3. 砂锅中添入适量清水，放入羊肉、当归、生姜、葱段、料酒，旺火烧沸，打去浮沫后改小火慢炖1小时，羊肉熟透即成。

首乌芝麻羊肉汤

原料： 羊肉 500 克，生姜、葱白各 15 克，胡椒粒 3 克，食盐适量。药料袋 1 件（熟地黄、怀山药、枣皮、丹皮、泽泻、天麻各 5 克，制首乌、黑芝麻各 15 克，当归、红花各 3 克，黑豆 30 克，胡桃仁 5 个）。

制作：

1. 取纱布 2 块，双层铺展包裹起药材，捏住包口浸湿攥紧，用线捆扎制成严实的药料袋。

2. 羊肉洗净，去筋膜、切片，入沸水锅内氽烫去除血水，捞出洗净血污浮沫。

3. 汤锅放入羊肉、药料袋、生姜、葱白、胡椒粒，添入适量清水。

4. 旺火煮沸，打去浮沫，改小火炖 1.5 小时，捞出药袋，加盐调味即可。

团鱼羊肉汤

原料： 团鱼（鳖）1 只，羊肉 300 克，苹果 50 克，生姜 5 克，盐、胡椒粉少许。

🍲 **制作：**

1. 团鱼（鳖）放入沸水锅中烫毙，剁去头爪，揭去鳖甲，去除内脏洗净。

2. 将羊肉洗净，切成 2 厘米见方的小块，用开水焯一下，捞出洗净。

3. 将团鱼肉也切成 2 厘米见方的小块，和羊肉一起放入锅内，加苹果、生姜及适量水，大火烧开，改小火炖至熟烂。

4. 加入盐、胡椒粉调味即成。

苹果怀杞鲜鱼汤

原料：鲜鱼 400 克，猪脊骨 500 克，苹果 300 克，怀山药 50 克，枸杞、芡实各 25 克，植物油、盐各适量。

🍳 **制作：**

1. 鲜鱼宰杀收拾干净，下油锅慢火煎至微黄；猪脊骨洗净，敲裂斩成块。

2. 苹果洗净，每个切成 2～4 块，保留果皮，剜去果核；怀山、枸杞、芡实用温水浸泡后洗净。

3. 砂锅添入约 2 000 毫升清水烧开，将全部用料放入煲内。

4. 先用中火煲 30 分钟，改用小火煲 1.5 小时加盐调味即可。

归 圆 炖 鸡

原料：鸡肉 250 克，当归 15 克，桂圆肉 25 克，盐适量。

制作：

1. 将当归、桂圆肉洗净，鸡肉洗净切片。

2. 一同放入炖盅内，添适量水，盖盖，小火隔水炖 1 小时，加盐调味即可。

当归生姜羊肉汤

原料： 羊肉片 50 克，当归 10 克，生姜 15 克。

制作：

1. 当归洗净，沥干水分；姜洗净，切成片（不要去皮）。

2. 羊肉在开水锅中焯一下。

3. 另取砂锅，添入适量水，放入羊肉、当归和姜片。

4. 盖上锅盖，大火烧开，改小火慢炖。

5. 炖至羊肉熟烂，去掉当归和姜，食肉饮汤。

双香羊肉汤

原料： 双香料包 1 个（香附 10 克，小茴香 15 克），羊肉 100 克，小葱 3 根，生姜 10 克，盐、米酒适量。

制作：

1. 将两味药材用纱布包裹捆扎好。

2. 羊肉洗净切薄片，小葱洗净切段，生姜去皮切片。

3. 将双香料包、姜片放入汤锅内煮片刻，加入羊肉片，再沸后改小火，撇除污沫。

4. 炖至羊肉熟烂后加入葱段、盐，淋上米酒调味即可。

人参当归炖猪心

原料：猪心 1 个，人参 10
克，当归 15 克。

 制作：

1. 将人参、当归洗净切细，猪心洗净剖开；将当归、人参放
入猪心内。

2. 将猪心放入炖盅内，添适量开水，盖盖，小火隔水炖 1 小
时，调味即可。

黑豆当归猪心汤

原料：猪心 300 克，黑豆
150 克，当归 10 克。

制作：

1. 黑豆洗净，用清水浸 2 小时；猪心洗净切片。

2. 锅内添入适量水烧开，放入猪心烫约 2 分钟捞出。

3. 另取汤煲，放入全部用料，添适量清水，煲 2 小时，加盐
调味即可。

剑 花 猪 肺 汤

原料：剑花 30 克，猪肺 300
克，蜜枣 4 枚，油、盐少许。

制作：

1. 猪肺洗净切小块，加少许油在锅中炒透。
2. 然后添适量开水，与剑花（用清水浸泡过）、蜜枣一同煲 2 小时。
3. 加少许盐调味后即可。

参 杞 龟 羊 汤

原料：羊肉、龟肉各 100 克，党参、枸杞子、制附片各 10 克，当归、姜片各 5 克，冰糖、料酒、葱、盐、胡椒粉、色拉油各适量。

制作：

1. 将龟肉用沸水烫一下，刮去表面黑膜，去脚爪洗净；羊肉刮洗干净。
2. 将龟肉、羊肉放入开水锅中，煮 2 分钟去掉腥味，捞出后再用清水冲净，然后均切成方块备用。
3. 党参、枸杞子、制附片、当归洗净备用。
4. 锅注油烧热，下入龟肉、羊肉爆炒，淋入料酒继续翻炒，至水分炒干后放入砂锅内，加冰糖、党参、制附片、当归、葱、姜片，及适量清水，旺火烧开，改小火炖熟，再加入枸杞子，继续炖 10 分钟离火，去掉姜、葱、当归，撒入盐、胡椒粉调味即可。

苁 蓉 羊 汤

原料：羊肉 300 克，肉苁蓉 15 克，韭菜、香油、精盐、姜末、酱油各适量。

制作：

将肉苁蓉洗净，放入砂锅，添入适量清水，小火煎取浓汁，然后与羊肉一起入锅炖至烂熟，加入韭菜、香油、精盐、姜末、酱油，略炖片刻即成。

核桃杜仲首乌羊肉汤

原料： 羊肉 400 克，核桃 10 个，杜仲 15 克，首乌 25 克，玉米粒 150 克，红枣 4 枚，生姜 3 片，盐少许。

 制作：

1. 核桃去壳，保留核桃衣；药材洗净，稍浸泡；红枣去核。

2. 羊肉洗净，不切，下入开水锅里煮 3 分钟后捞起。

3. 所备原料与生姜一起放瓦煲内，添入清水 3 000 毫升，大火烧开，改小火煲 1.5 小时，加盐调味即可。

荸荠羊蹄筋汤

原料： 荸荠 250 克，羊蹄筋 1 对，怀山药 50 克，枸杞子 15 克，桂圆肉 10 克，姜片、油、盐各适量。

制作：

1. 将羊蹄筋收拾好，洗净斩件，下开水锅煮约 20 分钟捞起备用。

2. 荸荠洗净切细丝，下锅加油、盐和姜片，炒几分钟，然后放入煲内。

3. 煲内添适量清水，将各种原料一起放入，煮约1.5小时，至羊蹄筋软熟，调味即成。

参芪玉米排骨汤

原料：党参、黄芪、枸杞各10克，玉米2根，猪小排250克，白酒5毫升，盐适量。

制作：

1. 玉米剥皮洗净，剁成小段；党参、黄芪、枸杞洗净备用。

2. 猪小排剁成小段，焯水后用冷水冲净。

3. 砂锅添入1 000毫升清水，下入排骨、玉米段、党参、黄芪和白酒，旺火煮开，转为小火，炖煮40分钟后，加入枸杞稍煮，加盐调味即可。

参 归 排 骨 汤

原料：猪排骨500克，党参10克，当归5克，枸杞15克，薏米、山药各25克，肉桂3克，油、盐适量。

制作：

1. 将猪排骨洗净，剁成小块，余水捞出后用冷水冲净污沫，沥干备用。

2. 将党参、当归、枸杞、薏米、山药和肉桂分别洗净、沥水备用。

3. 炒锅注油烧至五成热，下排骨炒至肉干、变色，添入适量水，旺火煮沸。

4. 取砂锅，将煮开的排骨捞出，置于砂锅中垫底。

5. 把漂洗过的中药材投入汤锅中，煮沸 5 分钟，连汤带药材倒入砂锅中，用小火炖 1.5 小时。

6. 出锅前加盐调味即可。

红枣山药炖羊排

原料：羊排 400 克，山药 200 克，红枣 6 颗，精盐少许。

制作：

1. 将羊排洗净、切块、汆水，山药去皮、洗净、切块，红枣洗净。

2. 锅中添入清水，下入羊排、山药、红枣，调入精盐，煲熟即可。

归芪春笋乌鸡汤

原料：乌骨鸡 1 只，春笋 100 克，当归、黄芪各 15 克、红枣 8 枚，葱、姜、盐、花椒各适量。

制作：

1. 春笋洗净切片，当归、黄芪洗净用纱布包好，红枣泡开。

2. 乌鸡洗净斩块，冷水下锅，加入几粒花椒焯水，然后将焯过的乌鸡放入砂锅中。

3. 砂锅中加入葱、姜、红枣和药包，大火煮开，转小火煲 1 小时，再加入春笋，调味后继续煲 15 分钟即可。

花旗参炖水鸭

原料：花旗参 5 克，水鸭 150 克，生姜 1 片。

制作：

将水鸭切块、飞水；花旗参洗净、切片；炖盅内添水 250 毫升，将姜片、水鸭和花旗参一起放入，隔水炖 1.5 小时即成。

冬虫草炖水鸭

原料：冬虫草 5 克，水鸭 1 只，无花果 2 粒，陈皮 1 片，姜 2 片，盐适量。

制作：

1. 冬虫草洗净，水鸭洗净焯过，陈皮洗净。

2. 锅内添水烧开，放入冬虫草、水鸭、无花果、陈皮、姜，改小火煲 1.5 小时，加盐调味即可。

参芪首乌鸭汤

原料：鸭腿 2 个，葱白 1 段，姜 2 片，橙子皮 1 片，党参 2 段，黄芪 2 片，干何首乌 1 片，山药 50 克，盐少许。

制作：

1. 鸭腿去骨（可以一起煮汤），肉切大块。

2. 鸭肉和鸭骨焯过，去血水和杂质。

3. 捞出洗净，放入汤锅，加入葱、姜、橙子皮、党参、黄芪，何首乌，大火烧开，改小火炖 50 分钟，撇掉汤面上过多的油。

4. 接着放入山药段，煮至山药熟烂，加盐调味即可。

莲藕老鸭汤

原料：净老鸭半只，莲藕 500 克，盐适量。

制作：

将老鸭洗净、斩件、焯水；莲藕洗净、切大块，与老鸭一起入锅，添适量水烧开，用小火炖 2 小时，加盐调味即可。

姜母鸭汤

原料：净鸭半只，姜母（老姜）250 克，当归 10 克，黑木耳 25 克，枸杞子 10 克，胡萝卜 1 根，老抽 1 汤匙，米酒 1 碗，黄冰糖 2 大块，麻油 1 汤匙，盐适量。

制作：

1. 鸭剁成块，氽水，捞起冲净。

2. 胡萝卜洗净去皮，切滚刀块；当归洗净切片，枸杞子洗净。

3. 木耳用温水泡半小时，洗净去蒂，撕成适中的块；姜母洗净，撕成条状。

4. 热锅，注入麻油，放姜母和鸭块，大火翻炒，见肉收紧，加老抽翻匀。

5. 锅中添适量水烧开，放入炒好的鸭、黄冰糖、当归、枸杞子，大火煮 20 分钟，转小火煲 1 个小时，淋入米酒，加入胡萝卜和黑木耳，再煲 20 分钟，加盐调味即可。

沙参玉竹老鸭汤

原料： 净老鸭 1 只约 600 克，北沙参 50 克，玉竹 50 克，老姜 2 片，盐少许。

 制作：

1. 将北沙参和玉竹用清水洗净，北沙参沥干，玉竹用清水浸泡 30 分钟；老姜去皮切成片。

2. 老鸭洗净，剁成大块，再用清水冲洗，沥干水分。

3. 把鸭块放入汤锅中，一次性倒足清水，不盖盖，大火烧开后撇去浮沫。

4. 盖上盖，改小火煲 30 分钟，关火，用勺子撇去汤面上的鸭油，然后放入北沙参、玉竹和姜片，再盖盖继续煲 1.5 小时，出锅前加盐调味即可。

冬瓜芡实老鸭汤

原料：冬瓜 750 克，鸭子半只，芡实米 100 克，干贝 50 克，陈皮 15 克，荷叶 10 克，盐适量。

 制作：

1. 陈皮用清水浸软，刮去瓤洗净；干贝用清水浸约 1 小时至软；芡实、荷叶洗净；冬瓜洗净，连皮带瓤切大块。

2. 鸭放入开水锅中煮 10 分钟，取出冲净。

3. 煲内添适量水烧开，放入冬瓜、鸭、陈皮、芡实、荷叶、干贝。

4. 慢火煲 2 小时，加盐调味即可。

枸杞田七水鸭汤

原料：水鸭 1 只，猪瘦肉 150 克，怀山药、枸杞子、田七、姜各适量，盐少许。

制作：

将水鸭切去尾部，整只焯水后，和瘦肉一起入汤锅；田七捣碎，用小火炒 5 分钟，再与怀山、枸杞一起放入煮鸭子的汤锅里，旺火烧开，改小火炖 2 小时，加盐调味即可。

鱼腥草水鸭汤

原料：净水鸭半只，新鲜鱼腥草 50 克，姜 1 块，料酒 5 克，油 10 克，盐少许。

制作：

1. 鸭肉斩件后焯水沥干。

2. 锅注油烧热，放入鸭肉炒至变色。

3. 加入姜、酒，用大火将鸭子炒干，添适量水煮开，改小火煮10分钟。

4. 将鱼腥草扎成把，放入汤内，继续用小火炖半小时即可。

石斛竹荪老鸭汤

> **原料：** 净鸭子半只，石斛10克，竹荪1包，老姜1小块，京葱1段，料酒20毫升，盐、味精少许。

 制作：

1. 鸭子洗净后切成块，石斛浸泡10分钟后装入煲汤袋，老姜拍扁。

2. 将鸭块和姜、葱一起放入锅内，添入清水没过鸭子，大火煮出血沫后捞出鸭子、姜、葱，用水冲净血沫，然后放入汤煲内。

3. 汤煲内添适量清水，加入石斛、料酒，盖上锅盖大火煮开，转小火炖1小时。

4. 将竹荪去头，浸泡4~5遍，洗净泥沙。

5. 1小时后调入盐和味精，放入竹荪，盖上锅盖继续炖20分钟即可。

黑豆柏子枣仁汤

> **原料：** 黑豆50克，柏子仁20克，酸枣仁10克。

制作：

黑豆、柏子仁、酸枣仁分别洗净，一同放入砂锅内，添适量水，用小火煮至熟透即可。

当归黄精鲍鱼汤

原料：新鲜鲍鱼 1 只，当归头 25 克，黄精 50 克，红枣 10 枚，生姜 2 片，盐适量。

制作：

1. 新鲜鲍鱼去壳，收拾好洗净切片。
2. 当归头洗净、切片；黄精、红枣均洗净，红枣去核。
3. 将全部用料放入炖盅内，添适量水，盖盖，入蒸锅隔水炖 1.5 小时，加盐调即可。

天 麻 鱼 头 汤

原料：天麻 15 克，鱼头 1 只，豆腐 1 块，大枣 6 枚，枸杞 10 克，姜 5 片，盐、油各少许。

制作：

1. 鱼头洗净沥干。
2. 大枣和天麻洗净，放入瓦煲中，添适量水烧开，转小火煮 40 分钟。
3. 天麻水将要煮好时，煎锅注油、烧热，下入姜片、鱼头，两面煎至金黄。
4. 鱼头放入汤锅，添适量水烧开，煮 10 分钟至汤色发白，加入切小块的豆腐。

5. 再次煮开后放入瓦煲，与大枣、天麻用小火同煮 20 分钟，撒入枸杞稍煮，调入少许盐即可。

八 珍 炖 乌 鸡

原料：乌鸡半只，猪瘦肉 150 克；
配料：沙参、枸杞、干怀山、玉竹各 10 克，红枣、莲子各 10 颗，桂圆肉 20 克，党参 4 条；
调料：生姜 3 片，米酒 50 毫升。

 制作：

1. 将配料放入碗里，用清水浸泡 5 分钟，捞出沥净水分。

2. 锅内添适量水，烧开后放入乌鸡、猪瘦肉、姜片，氽烫约 3 分钟，捞出乌鸡、猪瘦肉，洗净备用。

3. 将氽烫好的乌鸡、猪瘦肉放入不锈钢深盆内，加入米酒、400 毫升清水，再放入配料。

4. 将深盆放入电饭锅内，锅内倒入 2 杯清水，盖上盖，按下煮饭键，煮至跳回保温档时，再倒入 2 杯清水，再次按下煮饭键，再煮至跳回保温档时，即可取出。

银耳杏仁鹌鹑汤

原料：银耳（干）25 克，苦杏仁、甜杏仁各 25 克，净鹌鹑 1 只，猪瘦肉 50 克，无花果 10 克，姜、盐少许。

制作：

1. 银耳用清水泡发、洗净；苦杏仁、甜杏仁、无花果、姜分别洗净备用。

2. 瘦肉切厚片，沸水焯过；鹌鹑洗净，沸水焯过。

3. 将鹌鹑、瘦肉、银耳、苦杏仁、甜杏仁、无花果、姜放入锅中，添适量水煮沸。

4. 改小火煲约 1.5 小时，加盐调味即可。

鸭肾陈皮瘦肉汤

原料：鲜鸭肾 1 个，猪瘦肉 100 克，陈皮 15 克。

制作：

1. 鲜鸭肾剖开、洗净，去衣膜后切片。

2. 锅内放入鸭肾、瘦肉、陈皮及适量水，煲 1 小时即可，去渣后饮汤。

小麦枣芪瘦肉汤

原料：瘦肉 100 克，浮小麦 15 克，红枣 8 枚，北芪 20 克。

制作：

瘦肉洗净，放入锅中，加入所备药材及适量水，煲 40 分钟，调味即可。

当归黄芪鳝鱼羹

原料：当归 10 克，黄芪 20 克，黄鳝 100 克，植物油、精盐、酱油、葱花、姜末、湿淀粉各适量。

制作：

1. 当归、黄芪洗净沥干，放入纱布袋中，扎紧袋口。

2. 黄鳝宰杀，用温开水略烫一下，从鳝背脊处剖开，除去骨、内脏、头、尾，洗净后切成鳝鱼丝。

3. 锅注油烧至六成热，下入葱花、姜末煸炒出香味，放入鳝鱼丝，急火熘炒，烹入料酒，翻炒至鳝鱼丝八成熟时盛入碗中。

4. 锅中添适量清水，放入当归黄芪药袋，大火煮沸，改小火煮 30 分钟，除去药袋，加葱花、姜末、酱油、精盐煮沸后加入鳝鱼丝，小火煨 30 分钟，用湿淀粉勾芡即可。

鳝鱼养血汤

原料：鳝鱼 200 克，金针 50 克，葱 2 根，姜 2 片。

制作：

1. 将鳝鱼洗净、去骨，鱼肉切成小块；金针用清水泡软，姜、葱切碎。

2. 将所有食材放入锅中，添适量水，煮 20 分钟至熟后即可。

白术黑豆鱼汤

原料：鲤鱼 1 条（约 750 克），白术 50 克，黑豆 75 克。

 制作：

将鲤鱼宰杀、去杂后洗净，放入砂锅内，加入洗净的黑豆、白术，添适量清水，大火烧开，改小火炖至鱼和豆烂熟，拣去白术，吃鱼和豆，饮汤。

党参莲子鲤鱼汤

原料：鲤鱼 1 条（约 750 克），猪瘦肉 200 克，去核大枣 6 枚，党参 15 克，莲子、芡实各 30 克，姜 2 片，油、盐适量。

制作：

1. 党参、大枣、芡实分别洗净，莲子去心洗净；猪瘦肉洗净汆过。

2. 鲤鱼去除内脏，留鱼鳞，洗净抹干水分。

3. 锅内注油烧热，放入姜片及鲤鱼，煎至鲤鱼两面皆黄色铲起。

4. 另取煲，添入适量水，放入瘦肉、鲤鱼、大枣、党参、莲子、芡实烧开，改用小火煲 1 小时，加盐调味即可。

天 麻 炖 鲤 鱼

原料：天麻 10 克，川芎 3 克，鲤鱼 1 条（约 500 克），葱花、姜末各适量。

制作：

1. 将川芎切片，天麻蒸透后切片。

2. 放入洗净的鱼腹中，置于盆内，加入葱花、姜末及适量水，上屉蒸约半小时，然后另制家常羹汤浇在鱼上即可。分1～2次吃鱼、喝汤。

芪 鳔 羊 肉 汤

原料：黄芪、鱼鳔各30克，新鲜羊肉200克，猪肉皮少许，姜丝、盐各适量。

制作：

将羊肉洗净切块，与姜丝、黄芪、肉皮、鱼鳔同放砂锅中，添水约500毫升，小火炖1.5小时即可。食肉及鱼鳔，饮汤。

芪 菇 鸡 汤

原料：老母鸡1只，猴头菇100克，黄芪30克，红枣6枚，生姜3片，料酒、精盐、香油各适量。

制作：

1. 将猴头菇洗净切片，鸡宰杀、去杂后洗净，红枣、生姜洗净。

2. 将鸡、黄芪、红枣和生姜一起放入锅中，添入料酒和适量水，大火煮沸，改小火煨至熟烂。

3. 拣去黄芪，加入猴头菇煨至菇熟，撒入精盐，淋入香油即成。

芪 杞 乳 鸽 汤

原料：乳鸽2只，瘦肉200克，黄芪30克，枸杞子20克，生姜3片，盐适量。

 制作：

1. 黄芪、枸杞子洗净；乳鸽去爪，洗净放入开水锅中煮2分钟，捞起洗净；瘦肉放入开水锅中煮3分钟，捞起洗净。

2. 煲内添适量清水烧开，放入黄芪、枸杞子、姜、瘦肉、乳鸽烧开，改小火煲1.5小时，加盐调味即可。

天 麻 煨 鸡 汤

原料：天麻片30克，老母鸡1只。

制作：

1. 将老母鸡宰杀、去肠杂洗净，将天麻片放入鸡腹中。

2. 整鸡放入砂锅，添清水淹过鸡背2厘米深，用小火煨至鸡熟透即成。

3. 分数次饮汤吃肉。可每周煨制1次，连续食用3～4周。

鹿鞭炖鸡

原料：鹿鞭 50 克，仔鸡 750 克，枸杞子、巴戟天、桂圆肉、杜仲各 15 克，肉苁蓉、熟地各 10 克，白酒、葱、姜、陈皮、料酒、花椒、盐各适量。

制作：

1. 将鹿鞭洗净切片，用白酒洒过，至软为度。

2. 将枸杞子、肉苁蓉、巴戟天、杜仲、熟地、桂圆肉等中药洗净，装入纱布袋内，扎紧口。

3. 仔鸡洗净，与鹿鞭、药袋一同放入砂锅内，加入葱、姜、陈皮、料酒、花椒，小火炖 1.5 小时，至鸡肉、鹿鞭熟烂，拣去葱、姜、陈皮、药袋，加盐调味即成。

决明子猪排汤

原料：决明子 30 克，罗布麻 10 克，猪排骨 500 克，姜、葱、盐各适量。

制作：

1. 将猪排骨洗净、切块、去肥脂，焯水后沥干。

2. 将猪排骨与决明子、姜、葱一同放入锅内，添适量清水，大火煮沸，转小火煲 1 小时，停火前 5 分钟加入罗布麻同煎煮，去渣、调味即可。

白芍炖乳鸽

原料：白芍、枸杞子各 10 克，净乳鸽 300 克，姜 10 克，盐、糖 1 克、胡椒粉少许。

🍲 制作：

1. 乳鸽斩块、氽水，白芍洗净，姜切片。

2. 锅中添适量水，放入乳鸽、姜片、白芍、枸杞子，大火烧开，转小火炖 40 分钟，调味即成。

佛耳草鲤鱼汤

原料：鲤鱼 1 条（约 500 克），佛耳草 30 克，紫金牛 15 克，葱、姜、料酒、盐各适量。

🥄 制作：

1. 将鲤鱼宰杀，刮鳞、去肠洗净；将佛耳草、紫金牛洗净，装入纱布袋内，放入锅中，添适量清水浸泡片刻,用文火煎约 20 分钟。

2. 捞去药袋，将鲤鱼放入锅中，加葱、姜、料酒、盐，煮至鱼汤呈乳白色即可。

核桃天麻炖草鱼

原料：草鱼 1 条（约 750 克），核桃仁 150 克，首乌 15 克，天麻片 10 克，生姜 15 克，葱 20 克，盐、胡椒粉、料酒、植物油各适量。

制作：

1. 核桃仁用开水泡开，剥去皮洗净；首乌、天麻洗净，用纱布包好；鱼宰杀，去鳞、鳃及内脏，洗净切块。

2. 锅注油烧热，下入姜、葱炒香，添清水 800 毫升，放入首乌、天麻、鱼块、核桃仁，大火烧开，整锅倒入砂锅中，用小火煲 1 小时，加入调料调味即可。

核桃墨鱼汤

原料： 核桃仁 150 克，墨鱼 1 只约 750 克，排骨 300 克，火腿 50 克，姜 4 片，盐适量。

制作：

1. 将墨鱼剖开，去除内脏及骨，撕去外膜，加入少许盐搓擦片刻，洗净；排骨洗净剁成小块。

2. 锅内添入适量水煮滚，放入 2 片姜及墨鱼、排骨煮 3 分钟，捞起冲净。

3. 煲内添适量水，放入墨鱼、排骨、火腿、2 片姜、核桃肉烧开，慢火煲 1.5 小时，加盐调味即可。

芎芷天麻鱼头汤

原料： 草鱼头 1 个，川芎 5 克，白芷 10 克，天麻 15 克，生姜 2 片，油、盐少许。

制作：

1. 将鱼头洗净、去鳃；起油锅，放入鱼头煎至微黄备用；川芎、白芷、天麻洗净。

2. 把全部用料一起放入炖盅内，添适量清水，盖好盖，用小火隔水炖 40 分钟，加盐调味即可。

当 归 猪 骨 汤

原料：猪脚骨 500 克，黑豆 100 克，当归 25 克，阿胶 15 克，大枣适量。

制作：

1. 猪脚骨洗净斩块，黑豆、大枣（去核）洗净，当归洗净切片。

2. 将猪脚骨放入开水锅中焯约 5 分钟捞出。

3. 猪脚骨、当归、黑豆、大枣一起放瓦煲内，添适量清水，大火烧开，改小火煲 2 小时，加入阿胶烧化，搅匀，再煲 15 分钟，加盐调味即可。

灵芝黑豆莲藕汤

原料：莲藕 50 克，灵芝、红莲子、黑豆、沙参、百合、桂圆各 10 克，姜 3 片，盐适量。

制作：

1. 灵芝提前泡 1 小时；其他原料洗净，泡 5 分钟。

2. 将所有药材放入纱布包内，与莲藕、生姜一起放入锅中，添适量水，大火烧开，转小火炖 50 分钟，加盐调味即可。

花椒怀杞瘦肉汤

原料：花椒 50 克，瘦肉 500 克，枸杞 30 克，怀山药 50 克，党参 25 克，去核红枣 15 枚，葱、姜、高粱酒少许。

制作：

1. 花椒泡水一天一夜，连水倒入锅中，加姜、葱和酒，烧开，放入已经汆烫过并切成大块的瘦肉，煮 10 分钟。

2. 添入适量水，放入所有原料（药材放入纱布包），大火烧开，转小火煮 30 分钟即可。

腐竹银杏猪肚汤

原料：薏米 100 克，银杏 20 粒，猪肚 1 个，排骨 500 克，腐竹 200 克。

制作：

1. 猪肚两面搓洗干净，腐竹与薏米泡水片刻，排骨汆烫备用。

2. 锅中添适量水烧开，放入所有原料，大火煮 10 分钟，转小火炖 1.5 小时即可。

栗子百合排骨汤

原料：栗子 150 克，排骨 500 克，干百合 50 克，陈皮 5 克，莲子 75 克。

制作：

1. 莲子去心，排骨汆过。

2. 锅中添适量水烧开，放入所有原料，大火煮 10 分钟，转小火炖 2 小时即可。

滋 润 益 补 汤

原料：猴头菇 25 克，怀山药 50 克，枸杞、龙眼肉各 15 克，陈皮 5 克，湘莲 20 克，排骨 500 克。

 制作：

1. 猴头菇洗净一切两半，排骨汆烫后备用。

2. 锅中添入适量水烧开，放入所有药材和食材，大火煮 10 分钟，转小火炖 2 小时即可关火。

洋参玉竹乌鸡汤

原料：花旗参须 100 克，玉竹 25 克，湘莲 50 克，蜜枣 20 克，净乌骨鸡 1 只。

 制作：

1. 乌骨鸡去头、屁股、皮和脂肪，切大块，汆烫去血水。

2. 锅中添入适量水烧开，放入所有原料，大火煮 10 分钟，转小火炖 1 小时即可。

双菇芪杞排骨汤

原料：枸杞 15 克，北芪片 25 克，猴头菇、金针菇各 50 克，排骨 400 克。

制作：

1. 猴头菇洗净切两半，排骨汆过；

2. 锅中添适量水烧开，放入所有原料，大火煮 10 分钟，转小火煮 1.5 小时即可。

五　行　汤

原料：1/4 根白萝卜，1/2 根胡萝卜，1/4 根牛蒡，白萝卜叶 50 克，干香菇 2 枚。

制作：

将所备原料洗净，切成大块，放入锅中，添入原料 3 倍的水，大火烧开，转微火煮 1 小时，装入玻璃器皿，冷却后置冰箱保存，随意饮用。

山药紫荆皮汤

原料：山药 100 克，紫荆皮 10 克，红枣 20 克。

制作：

将山药、紫荆皮、红枣洗净，放入锅内，添适量水，小火煮40分钟即可。

鸡骨草蜜枣瘦肉汤

原料：鸡骨草150克，蜜枣3个，陈皮2片，瘦肉400克。

制作：

1. 瘦肉洗净切大块，汆烫备用。

2. 锅中添入适量清水，先放入陈皮煮至水开，再放入其他原料，大火煮10分钟，转小火煮30分钟即可。

莲 子 猪 肚 汤

原料：净猪肚1个，植物油、味精、精盐、葱白各适量。

制作：

1. 将猪肚洗干净，用碱灰和香油混合搓揉5分钟，直至搓揉出粘液为止，然后再用清水洗涤3～4遍。

2. 将洗净的猪肚放入沸水锅中煮10分钟，捞出来再用清水冲洗数次，切成厚片。

3. 将葱白洗净、切段；姜洗净、拍破。

4. 锅注油烧热，下葱、姜爆香，放入猪肚片爆炒，加入适量盐。

5. 装入砂锅，添适量水，用小火煨至猪肚熟烂，最后加入味精调味即可。

黑豆萝卜羊排汤

原料： 羊小排 400 克，黑豆 100 克，红枣 6 枚，白萝卜 1 根，葱 3 段，姜 5 片，小茴香、花椒、盐、料酒各少许。

制作：

1. 黑豆先用水泡 4 个小时；羊排切小块，用清水浸泡，中间多换几次水；萝卜洗净切成滚刀块。

2. 锅里添适量水，放入羊排及少许料酒焯一下，捞出冲洗干净。

3. 锅里另添适量热水，加入焯好的羊排及黑豆、红枣、葱、姜、料酒、小茴香、花椒（放调料包里），大火烧开，改小火炖 2 小时。

4. 萝卜焯一下，放入羊肉锅煮 20 分钟，加盐调味即可。

通 草 猪 蹄 汤

原料： 猪蹄 2 只，通草 15 克，盐适量。

制作：

1. 猪蹄洗净、去毛，冷水下锅焯去血水，再用冷水冲净沥干。

2. 将通草洗净沥干。

3. 通草连同猪蹄放入电饭煲，添适量水，以煲汤模式煲约 2 小时，至熟烂，吃猪蹄，喝汤，食用时加盐即可。每日食用，连食 3～5 日。

桂圆枣杞乌鸡汤

原料： 桂圆肉、枸杞、红枣、麦冬、沙参、百合各 25 克，乌鸡 1 只，冬瓜、玉米、海带、豆干、盐各适量。

制作：

1. 将桂圆肉、枸杞、红枣、麦冬、沙参、百合等包成 1 个药料包，浸泡 10 分钟洗净；其他食材洗净。

2. 锅中添适量水，加姜片烧开，将乌鸡放入沸水中焯一下，去掉血水捞出备用。

3. 另锅添适量清水，放入药料包和所有食材，大火烧开，转小火慢煲 1 个小时。

4. 出锅前 15 分钟，加入盐等调味料即可。

当归生姜羊肉汤

原料： 羊肉 300 克，当归 30 克，生姜 50 克，盐适量。

制作：

1. 将羊肉洗净切成小块。

2. 锅中添水烧开，放入羊肉焯烫。

3. 将焯烫好的羊肉沥干水分，放入砂锅中，加入当归、生姜和适量清水，盖盖大火煮开，改小火炖1个小时，出锅前加盐调味即可。

枸杞当归花旗参鲫鱼汤

原料：鲫鱼1条，花旗参5克，当归5克，枸杞15克，大枣6枚，姜3片，盐适量。

制作：

1. 将鲫鱼去鳞、鳃、肠杂，清洗干净备用。

2. 把药材分别泡3分钟洗净，用纱布包好，和鲫鱼、生姜一起放入汤锅中，添入适量清水。

3. 大火烧开，转小火慢炖1小时，加盐调味即可。

甲鱼大枣养颜汤

原料：甲鱼1只，大枣6枚，葱段20克，姜片10克，盐、白酒各适量。

制作：

1. 将甲鱼宰杀、斩块、洗净，放入砂锅中，添适量清水，大火烧开，撇去浮沫，加入葱、姜、大枣和白酒。

2. 盖盖，转小火煲1.5小时，加盐调味即可。

天麻甲鱼汤

原料：甲鱼500克，天麻10克，金华火腿50克，黄酒20克，大葱结、姜片、盐适量。

制作：

1. 将甲鱼去除内脏、头和脚爪，洗净斩成6块，放入锅里。

2. 添水没过甲鱼，大火煮沸2～3分钟捞出，除去表面衣膜，洗净，放入大碗中。

3. 碗中加入天麻、火腿、葱结、姜片及适量水，上笼大火蒸1.5小时至甲鱼肉酥烂。

4. 拣去葱结和姜片，加盐调味即可。

酒炖甲鱼

原料：甲鱼1只，水发冬菇8朵，瘦肉150克，陈皮1块，蒜瓣100克，姜、葱各15克，白酒6汤匙，淀粉、精盐、生抽、绍酒各少许，色拉油2汤匙，上汤2杯。

制作：

1. 用热水烫甲鱼，去净外层薄膜，过冷水后切成小块。

2. 水发冬菇去蒂；瘦肉切片，用少许生抽、淀粉拌匀。

3. 姜切片，葱切丝，蒜瓣用色拉油略炸至金黄色捞出，陈皮浸软切丝。

4. 锅中注油烧热，略爆甲鱼、姜片，再放入肉片爆匀，加入绍酒、上汤，用中火煮 10 分钟。

5. 加入蒜瓣、冬菇、陈皮丝，改小火炖 15 分钟，放入生抽、精盐调味，然后加入白酒，再改高火 5 分钟，食用时撒上葱丝即可。

山药桂圆甲鱼汤

原料：甲鱼 1 只，山药 75 克，桂圆肉 20 克，姜 5 片，葱段、料酒、盐各适量。

制作：

1. 将甲鱼放入 45℃温水中，令其排尽尿液。

2. 桂圆剥去外壳；山药清洗干净，去皮，切成 3 厘米长的段。

3. 烫杀甲鱼，刮去背壳的黑黏膜，翻转甲鱼使其肚皮朝上，从头至尾巴剪开甲鱼肚，然后沿十字方向再剪开一条，去肠杂、头、爪后洗净。

4. 将甲鱼用料酒、姜、葱腌渍 10 分钟，然后将一半的姜、葱放入甲鱼肚内，余下的放入锅内，锅内同时加盐、料酒及适量水，与山药、桂圆肉同炖至烂熟即可。

双耳甲鱼汤

原料：甲鱼 750 克，银耳（干）、木耳（干）各 30 克，绍酒 15 克，大葱 15 克，姜 10 克，盐适量。

制作：

1. 甲鱼宰杀后，放入沸水锅内焯透，取出刮净背壳黑黏膜，剁成块。

2. 银耳、黑木耳用温水泡发，择洗干净，掰成小朵。

3. 汤锅添适量清水，放入甲鱼块、银耳、黑木耳，加入葱段、姜片、盐、绍酒，旺火烧沸，撇去浮沫。

4. 转小火炖至甲鱼肉熟烂，去掉葱段、姜片即成。

菠萝苦瓜汤

原料：菠萝半个，苦瓜 1 根，胡萝卜半根，盐适量。

制作：

1. 胡萝卜洗净去皮切片，菠萝切片，苦瓜洗净去籽切片。

2. 锅中添适量水，放入苦瓜、菠萝和胡萝卜片，中火烧开，转小火将食材煮熟，加盐调味即可。

功效：

苦瓜性寒味苦，夏天有降邪热、解疲乏、清心明目等功效。

黑豆黄芪党参汤

原料：黑豆 50 克，黄芪 20 克，党参 15 克，桂圆肉 25 克，猪瘦肉 150 克。

制作：

1. 猪瘦肉洗净切块、飞水。

2. 把其他原料清洗干净并泡 3 分钟。

3. 一起放入汤锅中，大火烧开，转小火慢炖 1 小时，加盐调味即可。

怀杞丹参乌鸡汤

原料：淮山、枸杞、丹参各 20 克，党参 50 克，陈皮 1 片，乌鸡 1 只，盐少许。

制作：

1. 乌鸡宰杀洗净，去毛、内脏、肥膏；淮山、枸杞和陈皮浸透，洗净；丹参和党参洗净，切片。

2. 瓦煲放入药材和乌鸡，添适量水，大火烧开，改用小火煲 1.5 个小时，加盐调味即可。

玉竹川芎猪肝汤

原料：猪肝 300 克，酸枣仁 30 克，玉竹、川芎各 15 克，红枣 8 枚，陈皮 10 克，生姜 3 片，米酒 2 大匙，盐少许。

制作：

1. 红枣洗净、泡软、去核；猪肝洗净切大块，用 1 大匙米酒腌制片刻，冲去血水。

2. 酸枣仁加 1 000 毫升水，用小火煮 40 分后过滤。

3. 将其他原料（猪肝除外）放入酸枣仁汤中，小火煮 60 分钟，再放入猪肝煮熟。

4. 加米酒、盐调味即可。

海带参芪排骨汤

原料：排骨 500 克，干海带 50 克，党参、黄芪各 15 克，红枣 6 枚、老姜片、花椒粒、盐、味精各适量。

制作：

1. 将黄芪、党参、红枣洗干净，连同老姜片、花椒粒放入炖锅里，添适量水浸泡 30 分钟，大火烧开 10 分钟。

2. 将干海带放入盆里，冲入开水浸泡 10 分钟。

3. 将汆过水的排骨放入黄芪汤里，小火炖 50 分钟。

4. 将浸泡后的海带切成片，放入黄芪排骨汤中，转中火炖 20 分钟，加入盐和味精，调味即可。

芪参归杞乌鸡汤

原料：净乌鸡 1 只，黄芪、党参各 25 克，当归、枸杞各 10 克，生姜 3 片，香葱 2 根，盐少许。

制作：

1. 姜切片，葱打结，乌鸡剁大块，黄芪、党参、当归、枸杞洗净。

2. 锅中添入适量水，加姜、葱，烧开，放入鸡块烫一烫。

3. 另锅添入适量清水烧开，放入鸡块及除枸杞之外的其他辅料，大火烧开，转小火炖 1 小时，加入枸杞后再焖 3～5 分钟，加盐调味即可。

杏鲍菇鸡腿汤

原料： 杏鲍菇 150 克，鸡腿 2 个，葱 3 段，姜 3 片，党参、黄芪各 10 克，枸杞 20 粒，香葱花少许，香菜、盐、胡椒粉各适量。

制作：

1. 将鸡腿焯水，去浮沫。
2. 砂锅里另添清水，放入鸡腿、葱、姜、党参、黄芪。
3. 小火炖 60 分钟后，放入杏鲍菇和枸杞，大火煮开，转小火煮 5 分钟，加入盐和胡椒粉调味，最后撒入葱花和香菜即可。

山药参杞野鸭汤

原料： 野鸭半只，山药 100 克，党参、首乌、枸杞各 10 克，大枣 8 枚，姜 3 片，料酒、盐适量。

制作：

1. 锅内添水加料酒，将野鸭飞水。
2. 党参、首乌、大枣洗净，和姜片及野鸭一同放入砂锅内。
3. 添适量水，大火烧开，改小火炖 1.5 小时，加入枸杞稍煮，加盐调味即可。

药 膳 排 骨 汤

原料：排骨 500 克，白萝卜、番茄各 50 克，茶树菇 25 克，虾皮、桔皮、当归、党参、黄芪各 10 克，盐、葱、姜、蒜各适量。

制作：

1. 排骨剁成小块，氽水；白萝卜洗净斜切成块，番茄剖开，葱、姜、蒜切好；茶树菇、虾皮、桔皮、当归、党参、黄芪等洗净。

2. 将所有食材和药材放锅里，添入适量水，大火煮开 10 分钟，改小火炖至汤色变浓，加盐调味即可。

首乌番茄鸭肝汤

原料：鸭肝 150 克，首乌 20 克，西红柿 1 个，水发木耳 6 朵，胡萝卜 25 克，熟鸡油 15 克，鲜汤 500 克，精盐少许。

制作：

1. 先将首乌加水煎取药汁；西红柿、胡萝卜洗净切片，鸭肝洗净切片。

2. 净锅置于旺火上，放入鲜汤、药汁、胡萝卜、木耳，烧至胡萝卜熟透，加入鸭肝、西红柿片、精盐、熟鸡油，鸭肝片熟即起锅。

猪肝枸杞鸡蛋汤

原料：猪肝 100 克，枸杞子 20 克，鸡蛋 1 个，姜末、盐少许。

制作：

1. 将猪肝洗净、切成片，枸杞子洗净，鸡蛋打入碗内。
2. 锅内添适量水烧开，加入姜和盐，先煮枸杞子，约 10 分钟后放入猪肝片，水沸后即打入鸡蛋，稍煮即成。饮汤，吃蛋、猪肝和枸杞子。

牛筋血藤骨脂汤

原料：牛蹄筋 100 克，鸡血藤 30 克，补骨脂 10 克。

制作：

将牛蹄筋洗净切片，与洗净的鸡血藤、补骨脂一同入锅，添适量水，大火煮沸 15 分钟，改小火熬至牛蹄筋熟烂，取汁饮用。

银耳薏仁冬瓜汤

原料：冬瓜 100 克，水发银耳 25 克，薏仁 50 克，去核红枣 4 个，白芷、黄芪各 15 克，生姜 3 片，盐少许。

制作：

1. 薏仁洗净，泡 1 小时；银耳、白芷、黄芪和去核红枣皆冲洗备用。

2. 锅中添适量水煮开，放入泡过的薏仁，小火煮 20 分钟。

3. 将冬瓜连皮洗净，切块后和白芷、黄芪、红枣、银耳一同加入锅中，再用小火煮 1 小时，最后加盐调味即可。

猪肉参枣汤

原料： 猪瘦肉 250 克，人参 5 克，山药 50 克，红枣 20 克，精盐适量。

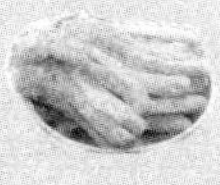

制作：

1. 将猪瘦肉洗净、切块，与洗净的人参、红枣、山药（切块）一同放入砂锅内，添适量水。

2. 大火煮沸，转小火炖至猪肉熟烂，加精盐调味即可。

百合鸡蛋汤

原料： 鸡蛋 2 个，百合 100 克，盐、香油少许。

制作：

1. 将百合置于清水中浸泡一夜，洗净后放入锅中，添入适量清水，小火炖 1 小时至百合酥烂。

2. 将鸡蛋磕开，去蛋清、留蛋黄，充分打匀，倒入百合锅中搅拌。

3. 撒入精盐，淋入香油，略烧片刻即成。

龙眼莲子鸡蛋汤

原料：龙眼肉 25 克，莲子肉 50 克，鸡蛋 2 个，生姜 2 片，大枣 6 枚，盐少许。

 制作：

1. 鸡蛋蒸熟去壳，龙眼肉、莲子肉洗净，莲子肉去心，保留莲子衣；大枣洗净去核。

2. 锅中添适量水，大火烧开，放入所有原料，用中小火煲 1 小时，加盐调味即可。

栗 子 莲 藕 汤

原料：莲藕 500 克，栗子 20 个，葡萄干 15 克。

制作：

1. 将莲藕洗净，去皮切片，栗子去壳、去膜。

2. 将莲藕、栗子入煲，添适量水，大火烧开改小火煲 40 分钟。

3. 加入葡萄干再煲 5 分钟，调味即可（喜甜的可放糖，或者加少许盐）。

六、 水果甜品类

水 果 甜 羹

原料：西米 100 克，苹果、香蕉、桔子、菠萝、猕猴桃、草莓等各类水果各约 50 克，糖 100 克，枸杞、淀粉各适量。

制作：

1. 烧一锅水，先煮西米，小火煮 20 分钟，至西米透明。如果没有西米的话，用小圆子也可以。

2. 把水果洗净并切成小块。

3. 另煮开一锅水，放入水果块，容易煮烂的香蕉、桔子之类的最后放；水果煮好后再和煮好的西米混合，最后勾芡、加糖即可。可以加少许桂花糖或是放少许枸杞点缀。

木薯葡萄水果羹

原料：木薯、柠檬各 1 个，蜂蜜 1 大汤匙，葡萄 50 克。

制作：

1. 将木薯洗净、去皮、去籽；柠檬去皮，将柠檬取汁（最好用手捏，汁水会清冽些），柠檬皮切成碎块儿备用。

2. 将木薯搅成羹，加入柠檬皮搅匀，再加入柠檬汁搅匀。

3. 取高脚杯，盛入一半羹汁，在表面舀上 1 匙蜂蜜，再用几粒葡萄点缀即可食用。

水 果 茶

原料：各种水果均可，数量随意，红茶包 1 个，柠檬 1 个（2 片即可），蜂蜜适量。

🍲 **制作：**

1. 水果洗净，去皮、去蒂或去核，分别切小丁，柠檬切片（两片）。

2. 将水果丁、柠檬片和红茶包都放到茶壶里。

3. 倒入开水，盖上盖焖 3 分钟，让红茶味道释放出来，然后取出红茶包。

4. 待水果茶晾至不烫手的温度，加入蜂蜜搅匀即可饮用。

水 果 莲 子 羹

原料：莲子、黄桃、菠萝、荔枝各 50 克，冰糖 25 克，水淀粉适量。

🍲 **制作：**

1. 将莲子去心，放入锅内，添适量清水，烧开并焖酥，用冰糖调味。

2. 黄桃、菠萝、荔枝切丁，放入莲子汤中烧开。

3. 淋入适量水淀粉勾芡即成羹，将制好的莲子水果羹冷藏后，食用味道更好。

牛 奶 水 果 羹

原料：苹果、梨、菠萝各200克，香蕉150克，草莓100克，桃子、李子、樱桃、猕猴桃等水果可根据时令随意添加，牛奶200克，白糖、蜂蜜、淀粉各适量。

制作：

1. 将各种水果分别去皮，切成小丁。

2. 锅里添入适量水，放入水果丁，用中火煮。

3. 烧沸片刻后，放入牛奶及淀粉、白糖，不停搅拌成糊状，即可盛起食用。还可以放些个人喜欢的调料。

椰汁水果西米露

原料：西米椰汁（或杏仁露）1罐，牛奶1盒，芒果、木瓜或其他水果各适量，冰糖少许。

制作：

1. 将西米用温水浸泡半个小时。

2. 锅中添适量水，放入冰糖煮沸，待冰糖化开后，放入泡好的西米。

3. 用勺子不停搅拌，防止西米粘在一起，待西米煮至透明，放入牛奶和椰汁稍煮。

4. 加入芒果、木瓜（切块）即可。

玫瑰奶茶西米露

原料：西米 25 克，玫瑰花 4
朵，糯米粉、抹茶粉、可可粉各
适量，红茶 1 袋，杨梅 1 粒，薄
荷叶 1 片。

制作：

1. 取少许糯米粉分别虽入抹茶粉、可可粉，搓几个"雨花石"
般的小丸子，下锅煮好备用。拌入抹茶粉的是绿色的，即抹茶味
的；拌入可可粉的是咖啡色的，巧克力味道。

2. 把西米放入沸水锅中，煮至中心有一粒小白点后捞出过凉
水，再入沸水，再过凉水，煮好备用。

3. 牛奶热后，放入红茶袋，中火熬出红茶味道和颜色后，转
大火，沸腾后关火，加入玫瑰花茶泡开。注意火候，不要把牛奶烧
煳。喜欢奶味重的，放入花茶后可以再加入炼乳。

4. 加入已煮好的各色糯米小丸子及煮好的西米即可。

椰汁芋头西米露

原料：西米 50 克，芋头 75
克，椰浆（或椰汁）100 毫升，
冰糖适量。

制作：

1. 芋头去皮，切成小方块；西米清水冲洗（勿搓）过。

2. 锅里添适量水烧开，倒入芋头煮 5 分钟，加入西米，煮 10

分钟。

3. 再加入冰糖、椰浆，煮开后关火，焖 1 小时即可。

水 果 小 圆 子

原料：糯米粉 200 克，各种水果各 50 克，藕粉 1 包，白糖适量。

🍲 **制作：**

1. 糯米粉加适量热水，揉成柔软面团后搓成小圆子（或者包入馅料做成汤圆）。

2. 各种水果洗净、去蒂、去皮、切小丁；藕粉用凉水调开成藕粉水备用。

3. 锅中添适量水煮开，放入小圆子，用勺子顺一个方向推，避免粘锅，煮至小圆子浮起即熟，加白糖化开。

4. 锅中保持滚开状态，把藕粉水淋入锅中，边淋边搅拌，推匀关火。

5. 晾凉装入碗中，撒上各色水果丁拌匀即可。

冰 糖 银 耳 汤

原料：银耳 5 克，冰糖 150 克，樱桃数个。

🥄 **制作：**

1. 将银耳用温水浸泡 2 小时，择洗干净备用。

2. 锅内添入适量清水煮沸，放入银耳、冰糖，小火炖 40 分钟后放入洗净的樱桃，煮开即关火，盛入碗中自然冷却后，入冰箱中冷藏，食用时取出。

菠萝银耳羹

原料：水发银耳 100 克，甜酒 100 毫升，削皮菠萝 250 克，鸡蛋 3 个，白糖 150 克，水淀粉 75 克。

制作：

1. 将水发银耳撕成小块，放入锅中添适量水煮透。
2. 菠萝改刀成小块，鸡蛋打入碗中搅散。
3. 银耳锅中放入菠萝丁、白糖、甜酒煮沸，勾芡，淋入蛋液即可。

银耳枸杞汤

原料：水发银耳 25 克，枸杞子 10 克，茉莉花 20 朵，精盐、味精、料酒、姜汁、水淀粉、清汤各适量。

制作：

1. 银耳择洗干净，撕成小片；茉莉花去花蒂洗净，枸杞子洗净。
2. 汤锅放入清汤、料酒、姜汁、精盐、味精、银耳、枸杞子烧沸，撇去浮沫，稍煮后盛入汤碗内，撒上茉莉花即成。

紫薯银耳莲子羹

原料：紫薯 100 克，银耳 50 克，莲子 25 克，冰糖适量。

🍲 **制作：**

1. 银耳、莲子提前 2 小时泡发，银耳洗净撕小朵，莲子洗净去心；紫薯去皮、切小丁。

2. 锅中添入足量水，放入银耳大火煮开，转小火慢煲 40 分钟，至银耳变软，汤汁渐稠。

3. 加入紫薯、莲子，小火继续煮 30 分钟。

4. 汤汁浓稠、紫薯软糯时加入冰糖，融化后即可关火。

银 耳 水 果 羹

原料：银耳 2 朵，苹果、香梨、橙子、猕猴桃各 1 个，草莓 6 个，淀粉、冰糖适量。

🍲 **制作：**

1. 银耳放在大碗内，加入没过银耳的清水泡发，发开后，将泡发的水倒掉，重新换水，里面加入淀粉，用筷子在碗里轻轻搅动数次，之后用清水将银耳冲净，撕成小片。

2. 将苹果、香梨的果皮外面抹一层食盐，反复搓洗数次后用清水冲净、去皮，切成大小均匀的小块备用；橙子去皮，切成小碎丁。

3. 草莓放在容器里，撒入少许盐和淀粉，加入清水浸泡几分钟，用水冲净，切成和苹果块一般大小均匀的小块。将猕猴桃用水冲净，剥去外皮，切成和苹果块一般大小均匀的小块。

4. 汤锅内添入适量清水，放入撕碎的银耳，大火烧开，至有浮沫飘起时，用勺子将浮沫撇除干净。

5. 转小火继续煮，其间不断勺子朝一个方向搅动，煮至银耳呈胶状、汤汁浓稠时，放入香梨丁、苹果丁。

6. 加入冰糖，煮约 3 分钟，再放入猕猴桃丁、草莓丁及切碎的橙子，煮开即可。

银耳什锦水果汤

原料：干银耳 10 克，冰糖 50 克，苹果 1 个，杏 6 个，葡萄干 50 克，枸杞 25 克，大枣 50 克。

制作：

1. 将干银耳放入冷水中浸泡 1 小时，泡发后去根部，洗净撕成小朵。

2. 各种水果均清洗干净，苹果去核，切成 3 厘米大小的三角块；杏掰开去核；枸杞洗净。

3. 锅里添入 1 000 毫升的冷水，放入冰糖、银耳，开锅后煮 10 分钟再放入水果和枸杞，继续煮 5 分钟即可。

银耳鲜果滋补汤

原料：银耳、梨、菠萝、小凤西瓜、木瓜、石榴各 50 克，冰糖适量。

制作：

1. 银耳泡发、洗净；锅中添水熬化冰糖，放入发好的银耳煮开。

2. 梨和菠萝切成小丁，放入锅内同煮。

3. 把小凤西瓜上边切掉，去瓤，边缘做成花边备用；西瓜瓤去籽，切成小丁；木瓜切丁，石榴掰成小块。

4. 银耳煮至浓稠，放入木瓜丁和西瓜丁，最后再放入石榴煮开，倒入西瓜花篮中即可。

山药莲子银耳羹

原料： 山药 1 根，银耳 2 朵，莲子 20 克，杏仁 10 克，大枣 6 枚，冰糖适量。

 制作：

1. 山药去皮、洗净、切段；银耳放在凉水里泡 2 小时，洗净撕小朵。

2. 大枣、杏仁、莲子洗净。

3. 将所备食材放在大碗里，添适量水，加冰糖，入蒸锅蒸 1 小时，至汤汁黏稠即可。

银耳薏米莲子羹

原料： 银耳 3 朵，薏米 100 克，莲子 25 克，红枣 4 颗，蜂蜜适量。

制作：

1. 把银耳、薏米和莲子洗净，放入电饭锅中，加入冷水浸泡 2 小时以上。

2. 开始加热时，放入红枣一起煮开，再加热 5 分钟，切断电源保温 30 分钟。

3. 然后继续加热至沸，切断电源，电饭锅上盖上保温材料，保温 2 小时。

4. 最后放入蜂蜜即可食用。

银耳莲子雪梨羹

原料：银耳 50 克，莲子 30 克，鸭梨 1 个，枸杞 15 克，冰糖适量。

 制作：

1. 将银耳掰成小朵，与莲子均提前 2 个小时泡发；枸杞用热水泡发。

2. 高压锅里放入银耳、莲子及适量水，加入冰糖，大火烧开，转小火煲 20 分钟。

3. 鸭梨去皮、削块，和泡好的枸杞一同放入烧好的银耳莲子羹中拌匀，凉后放冰箱冷藏后再食用。

银耳雪梨汤

原料：银耳 2 朵，雪梨 300 克，冰糖适量。

制作：

1. 把银耳掰成小朵后洗净，雪梨洗净切成小块。
2. 锅内添适量清水，先放入银耳煮开，用小火再焖 30 分钟。
3. 加入冰糖、梨块，大火煮开后转小火，再煮 5 分钟即可。

雪梨银耳红枣汤

原料： 雪梨 1 个，银耳 30 克，莲子 20 克，红枣 6 颗，冰糖适量。

制作：

1. 银耳和莲子提前用冷水泡发，银耳去蒂撕成小朵。
2. 雪梨去皮、核，削成小块；红枣切开，去核。
3. 将雪梨、银耳、红枣、莲子和冰糖放入锅中，添入足量清水（水量约是所备食材的 2～3 倍），大火烧开后转小火炖 30 分钟即可。

银 耳 双 雪 汤

原料： 银耳 1 大朵，桃胶 5 克，雪莲子 20 颗，雪梨 1 个，黄冰糖适量。

制作：

1. 银耳、桃胶均提前一晚浸泡，去根、去杂质；雪莲子泡水 2 小时。
2. 锅中添水烧开，放入银耳，小火炖 1 个小时，加入桃胶和雪莲子再炖 1 小时，关火，放入黄冰糖和雪梨即可。

冰糖银耳甜橙羹

原料：银耳 25 克，红枣 6 枚，橙子 1 个，冰糖适量。

🍲 **制作：**

1. 银耳洗净泡发，去除黄色根部，掰成小朵；红枣洗净，橙子剥皮、掰成瓣。

2. 银耳放入砂锅中，添适量水，大火烧开，转小火煮约 30 分钟。

3. 加入红枣，煮至红枣胀大饱满。

4. 加入冰糖后，至汤汁浓稠时放入橙子，煮开即可。

冰糖银耳枸杞羹

原料：银耳 25 克，枸杞 15 克，冰糖随意。

🥄 **制作：**

1. 银耳洗净、泡软（最好用开水泡 30 分钟以上），撕成小朵。

2. 枸杞洗净，和银耳一同放入高压锅，添适量水炖 30 分钟，关火再闷 30 分钟，开盖加入冰糖稍煮，至糖融化即可。

冰糖木瓜炖银耳

原料：银耳 2 朵，木瓜 50 克，大枣 6 枚，枸杞 15 克，冰糖、姜片各适量。

制作：

1. 银耳用冷水泡发，洗净去根部，掰成小朵；姜去皮切片，木瓜削皮去籽切小块。

2. 锅内添适量清水，下入姜片略煮片刻后捞出，下入银耳煮开。

3. 加入洗好的大枣和枸杞，转中小火炖 40 分钟。

4. 加入木瓜块，约煮 15 分钟，视汤羹浓稠、银耳软烂，放入冰糖烧化即可。

银 耳 雪 梨 汤

原料：雪梨 1 个，红枣 4 粒，银耳、冰糖各适量。

 制作：

1. 将银耳用清水浸泡 4 小时，洗净撕碎。

2. 雪梨去皮、去核、切块，红枣洗净、去核。

3. 将银耳、雪梨、红枣、冰糖一同放入高压锅内，添入适量清水，炖 1 个小时关火，自然解压，晾温、装碗即可食用。

百合雪耳雪梨汤

原料：鲜百合 50 克，雪耳 30 克，雪梨 1 个，陈皮 3 块，冰糖适量。

 制作：

1. 梨用盐水浸泡后，用盐搓，再用清水冲洗，去核、切成小块；雪耳、陈皮用清水浸泡，陈皮切丝，雪耳去掉中间硬的部分撕成小片。

2. 将雪耳、陈皮、梨放入锅里，添入适量清水，大火煮沸 10 分钟。

3. 加入冰糖，大火煮至冰糖溶化，转小火再煮 20 分钟。

4. 转大火煮沸，加入鲜百合，煮片刻关火即可。

红枣银耳马蹄汤

原料：红枣 10 枚，银耳 1 大朵，马蹄 50 克，冰糖适量。

 制作：

1. 将红枣洗净，银耳提前泡发好并撕成小朵，马蹄削皮、切块。

2. 锅中添适量清水，投入红枣和银耳煮开，转小火慢煮，至银耳软化出现胶质。

3. 加入马蹄煮 10 分钟，再加入冰糖融化即可关火。

雪莲子银耳杏仁羹

原料：野生银耳 1 朵，雪莲子 10 克，桂圆干、杏仁、枸杞子各 20 克，黄冰糖适量。

 制作：

1. 将银耳、雪莲子、杏仁隔夜泡发好，桂圆干、枸杞子冲洗干净。

2. 取砂锅，放入除枸杞外所有食材，添入足量水。

3. 大火烧开，转小火煲 1.5 小时，加入冰糖、枸杞子，煲至软糯即可。

银耳红枣汤

原料：红枣 15 粒，枸杞 30 粒，桂圆 4 粒，银耳、冰糖各适量。

制作：

1. 将所有原料洗净，红枣从中间切开一口。

2. 一同放入汤锅里，添入适量水，加入冰糖。

3. 盖上盖，煮至红枣变胀满即可关火。

4. 捞出红枣，下面放一个小碗，把红枣放在筛子上面，然后用匙子把红枣压烂，渣肉分离，将红枣泥与汤混在一起饮用即可。

桂圆红枣汤

原料：桂圆肉、红枣各 50 克，枸杞 30 粒，红糖适量。

制作：

1. 砂锅中添适量清水。

2. 放入桂圆肉、枸杞，大火煮开后，放入红枣，再焖 20 分钟即可。

3. 碗内放入红糖，倒入煮好的桂圆红枣枸杞水，搅拌后即可饮用。

莲子桂圆汤

原料：莲子、桂圆肉各 30 克，红枣 20 克，冰糖适量。

 制作：

先将莲子用温水泡发，去皮、去心洗净，与洗净的桂圆肉、红枣一同放入砂锅中，添适量水，煮至莲子酥烂，加冰糖调味即可。

枣圆莲杞百合汤

原料：去核红枣 15 粒，桂圆肉 20 粒，新鲜莲子 20 颗，新鲜百合 2 个（干品 20 片），枸杞 40 粒。

制作：

将所有食材用清水泡发、洗净后放入锅里，添入适量清水，小火煲 30 分钟即可。

五 红 汤

原料：红小豆 50 克，红芸豆 30 克，红皮花生米 20 克，红枣 10 枚，红糖适量。

制作：

1. 红小豆和红芸豆一同洗净，前一天晚上用温水浸泡 2 小时，之后沥去水分，放在一个保鲜袋中，入冰箱冷冻室冷冻一夜。

2. 砂锅添适量水，放入冻过一夜的红芸豆和红小豆。

3. 盖好锅盖，大火煮约 10 分钟，淋入 1 小碗冷水。

4. 再盖好锅盖，大火煮约 15 分钟，再淋入清水。

5. 反复淋冷水 3～4 次，煮至豆子熟软。

6. 红枣和红皮花生米洗净，放入豆子锅里一起煮。

7. 中火继续煮约 20 分钟，至花生米和红枣软熟即可。

柿饼红枣山萸汤

原料： 柿饼 3 个，红枣 10 枚，山萸肉 15 克。

 制作：

1. 柿饼、红枣洗净，放入温水中浸泡 20 分钟，去掉柿子蒂及枣核，切碎备用。

2. 山萸肉洗净，放入砂锅内，加水煎煮 2 次，每次煮 30 分钟，将 2 次的煎汁合并。

3. 切碎的柿饼、红枣放入煎好的山萸汁中，同煮 20 分钟即成。

红枣醪糟蛋花汤

原料： 原汁醪糟 200 克，红枣 6 个，鸡蛋 1 个，冰糖适量。

制作：

1. 汤锅中添适量清水，放入冰糖和洗净的红枣煮开 10 分钟。

2. 加入醪糟，中小火再煮 10 分钟，将火开大，保持沸腾状态。

3. 将打散的蛋液淋入锅中，顺一个方向搅匀即可。

醪糟红枣枸杞汤

原料：醪糟 400 克，红枣、枸杞各 30 克，冰糖适量。

 制作：

1. 将红枣、枸杞洗净，用温水泡发。

2. 锅中添适量水，放入红枣、枸杞煮沸 10 分钟。

3. 加入醪糟，煮约 15 分钟，最后加冰糖调味即可。

黑 豆 桂 圆 羹

原料：黑豆 30 克，桂圆肉 15 克。

 制作：

1. 将黑豆与桂圆洗净，一同放入锅中，添入适量水。

2. 大火烧开，改小火炖，至黑豆熟即可。

米 酒 赤 豆 汤

原料：红小豆 150 克，米酒 200 毫升，红糖适量。

 制作：

1. 将红小豆用清水，泡 4 小时。

2. 将米酒 100 毫升大火煮开，放入红小豆，转小火煮 40 分钟，随后加入剩余的米酒，煮开后熄火，撒入红糖即可。

赤 豆 莲 子 羹

原料：红小豆 200 克，莲子 25 克，干百合 20 克（鲜百合 50 克），冰糖适量。

制作：

1. 将莲子去心，与洗净的红小豆一起用清水浸泡 2 小时。

2. 将红小豆、莲子、百合放入砂锅内，添入足量清水。

3. 大火烧开，转小火炖 1.5 小时。

4. 炖好后加入冰糖，烧至冰糖融化即可。

南 瓜 赤 豆 汤

原料：南瓜 200 克，红小豆 50 克，白糖适量。

制作：

1. 红小豆冲洗干净，用清水浸泡 4 小时；南瓜削皮，切成适中的块。

2. 将浸泡好的红小豆放锅内，添入适量清水，大火煮开，转小火焖 30 分钟。

3. 加入南瓜块，煮 10 分钟，撒入白糖调味即可。

赤 豆 薏 米 汤

原料：红小豆 100 克，薏米 75 克，冰糖适量。

 制作：

1. 将薏米、红小豆淘洗干净，倒入高压锅中，添入 10 倍的清水，加入冰糖。

2. 盖好锅盖，大火烧上气后转小火，焖 25～30 分钟即可。

芋 丸 赤 豆 汤

原料：红薯、紫薯、木薯粉各 50 克，土豆淀粉 15 克，白糖、煮好的赤豆汤、炼乳等各适量。

 制作：

1. 红薯、紫薯分别洗净、去皮，切块后上锅蒸熟，将红薯、紫薯分开，分别用勺子捣成泥，加入白糖。

2. 将木薯粉和土豆淀粉以 4：1 的比例混合，冲入热水，稍微搅拌后加入红薯泥，揉成光滑的红薯面团。

3. 再以同样的方法将紫薯也做成面团。

4. 先将红薯面团搓成长条，切小块；再将紫薯面团也切成同样小块。

5. 锅里添水烧开，先煮红薯芋丸，大火煮至芋丸浮起，继续煮3分钟；接着煮紫薯芋丸（紫薯会串色，所以分开煮）。

6. 将煮好的芋丸捞出过凉水，然后放到赤豆汤里，挤上炼乳即可食用。

红枣莲子赤豆汤

原料：红枣 10 枚，莲子 2 粒，赤豆 50 克，红糖适量。

 制作：

1. 用清水将莲子和赤豆浸泡 4 个小时，淘洗干净。

2. 将浸泡洗净后的赤豆、莲子放入锅中，添入足量清水，旺火烧沸，转小火焖 1 小时。

3. 加入洗净后的红枣，继续慢火煮半小时。

4. 煮至赤豆与莲子酥透，加入红糖调味即成。

绿豆薏米南瓜汤

原料：绿豆 100 克，薏米 25 克，南瓜 100 克，土冰糖适量。

制作：

1. 薏米洗净，提前浸泡 4 小时；绿豆洗净；南瓜洗净，削皮切块。

2. 砂锅内添适量水煮沸，放入绿豆和薏米，小火煮 40 分钟，至绿豆和薏米微烂。

3. 加入南瓜和冰糖，煮至南瓜熟烂即可。

冰 爽 绿 豆 沙

原料：绿豆 100 克，冰糖适量。

制作：

1. 绿豆拣去杂质，清洗干净，加少许水泡 3 个小时。

2. 锅内添入多于绿豆 8 倍的清水，大火煮开 10 分钟后改小火。

3. 勤用勺子推锅底，直到绿豆煮至软烂，加入冰糖，搅拌融化即可关火。

4. 煮好的绿豆晾凉后，将豆子连汤舀到料理机中，搅打十几秒，喜欢吃细沙的可以稍稍多打，打好的绿豆沙放在冰箱里冷藏，随时食用。

南 瓜 绿 豆 汤

原料：老南瓜 500 克，绿豆 100 克，盐（或白糖）少许。

制作：

1. 绿豆洗净；南瓜去皮洗净，切成小块。

2. 锅中添适量清水，下入绿豆，大火烧沸，改小火煮 20 分钟。

3. 当绿豆皮刚被煮裂时，放入南瓜块，大火烧沸，改中火煮至软熟。

4. 加盐（放盐或者放糖根据自己的喜好）搅匀即可。

南 瓜 甜 汤

原料：南瓜 1 大块约 300 克，淡奶油或蜂蜜少许。

 制作：

1. 南瓜洗净、去籽，切成小块，上屉蒸熟。
2. 将蒸熟的南瓜放入果汁机中加水打成汁。
3. 将打成汁的南瓜加热，加入淡奶油或蜂蜜即可饮用。

西 梅 番 茄 汤

原料：小西红柿 100 克，银杏 30 粒，小西梅 10 粒，洋酒 2 大匙，白糖 1 大匙，蜂蜜 1 小匙。

 制作：

1. 将西梅去核洗净，银杏去壳洗净，小西红柿去蒂洗净。
2. 锅中添入适量清水烧沸，放入西梅、银杏煮约 10 分钟。
3. 加入小西红柿再煮 3 分钟，关火后倒入大碗中，撒入白糖，淋入蜂蜜、洋酒调匀即可。

四 红 暖 汤

原料：红小豆 200 克，干红枣 10 枚，红衣花生 150 克，红糖 15 克。

制作：

1. 将红小豆冲洗干净，同红衣花生一起放入锅中，添适量水，大火煮开，转小火炖 1.5 小时，至红豆起沙。

2. 干红枣洗净后用温水泡发，挖去核，在红小豆炖至 1 小时的时候，放入锅中，和红小豆同炖约 30 分钟，至红枣皮破肉软，撒入红糖搅至完全融化即可。

玉 米 甜 羹

原料：新鲜甜玉米 3 根，胡萝卜 100 克，香菇 2 朵，蛋清 1 个，盐少许，鸡汤 1 200 毫升。

制作：

1. 胡萝卜洗净，削去外皮，切成 1 厘米见方的小丁。
2. 香菇冲洗干净，去根蒂，切成 1 厘米见方的小丁。
3. 将新鲜甜玉米去外皮及须毛，用刨丝器将甜玉米粒刨下，制成甜玉米碎。
4. 汤锅中倒入鸡汤，大火烧沸，放入香菇丁和胡萝卜丁，中火煮约 10 分钟。
5. 接着放入刨好的甜玉米碎，混合均匀，用中火继续煮 5 分钟。
6. 最后撒入盐，关火，迅速淋入蛋清，用汤勺推搅出蛋花即可。

冰 汁 杏

原料：甜杏仁 50 克，白糖 300 克，鸡蛋 1 个，冻粉适量，牛奶少许。

制作：

1. 将杏仁用温水泡后去皮，加少许水磨成浆，用纱布滤去渣留汁。

2. 冻粉浸泡 10 小时，放入沸水锅内熬化，加入白糖 200 克及杏汁、牛奶，熬至能滴珠呈稠状时，分别装入若干个小杯内，凉后放入冰箱冷冻。

3. 另锅添水，放入 100 克白糖烧沸，淋入蛋清，用手勺搅匀，去泡沫，凉后放入冰箱冷冻。

4. 把冻好的杏冻稍松动，再把冻好的糖水从碗边轻轻地倒入，使杏冻浮起即成。

果梨莲藕荸荠汤

> **原料：** 莲藕 150 克，西红柿 100 克，西瓜瓤 200 克，苹果、梨、荸荠各 75 克，冰糖 50 克，蜂蜜 50 克。

 制作：

1. 苹果、梨去皮、去核，与西红柿、荸荠、莲藕分别洗净，切成小块。

2. 将所有水果块与西瓜瓤同放入榨汁机中榨成汁。

3. 冰糖碾成粉末，放入水果汁中调匀，再调入蜂蜜即成。

苹果莲子炖银耳

> **原料：** 苹果 1 个，莲子 50 克，银耳 10 克，枸杞子 15 克，黄冰糖 75 克。

制作：

1. 银耳提前泡发，莲子洗净，银耳洗净撕碎，苹果去皮切小粒。

2. 苹果、莲子、银耳放入炖盅内胆里。

3. 内胆里添入适量冷水，将内胆盖上盖，将冷水注入炖盅。

4. 炖盅盖上外盖，接通电源，调好所需时间。

5. 炖至时间快结束时，加入冰糖、枸杞子。

6. 炖好的银耳羹盛出，温热食用。

百 合 生 梨 饮

原料：百合 50 克，梨 2 个，冰糖适量。

 制作：

梨切成片，与百合加水共煎 20 分钟，加入冰糖煮化即可。

木瓜银耳莲杞羹

原料：木瓜半个，银耳 2 朵，莲子 20 克，枸杞 10 克，冰糖 50 克。

制作：

1. 银耳提前 2 个小时泡发，撕成小块，去根部；枸杞、莲子分别洗净；木瓜洗净，去皮、瓢切块。

2. 银耳放入高压锅中，添适量清水，放上莲子，焖 20 分钟。

3. 加入冰糖、枸杞，小火煮至冰糖化，再加入木瓜块，再煮 5

分钟即可。

木瓜煲猪蹄

原料：猪蹄1只，木瓜1个，姜、香葱、盐各适量。

制作：

1. 猪蹄刮净毛，清洗干净，下开水锅焯去血沫。

2. 木瓜去皮、去瓤、切块，姜去皮拍扁。

3. 锅中添适量水，放入猪蹄、姜，大火煮开，转中火煲约20分钟后，再转小火煲约50分钟，加入木瓜块，中小火煲约30分钟，至猪蹄富有胶质、木瓜软烂关火。

4. 撒入香葱末、盐调味即可。

木瓜猪蹄黄豆汤

原料：猪蹄1个，青木瓜半个，黄豆100克，盐适量。

制作：

1. 青木瓜去皮、去籽后切块；黄豆放清水中浸泡3小时备用。

2. 将猪蹄焯烫后捞出洗净。

3. 锅中添适量清水，放入猪蹄，大火烧开，改小火炖1小时，再放入黄豆，待黄豆八分熟时放入青木瓜，煮5分钟，加盐调味即可。

木瓜鲜鱼汤

原料：鲜鱼1条，木瓜1个，红枣10个，盐适量。

 制作：

1. 将木瓜去皮、去籽后切大块，鱼收拾干净切片。
2. 锅中添适量水，放入鱼、木瓜和红枣，大火煮沸。
3. 改小火慢煲1个小时，加盐调味即可。

木瓜鱼头汤

原料：鱼头750克，木瓜半个，高汤1 000毫升，姜片、香菇、陈皮丝、油、葱花、盐各适量。

 制作：

1. 将鱼头切开、洗净。
2. 锅注油烧热，放入姜片，下入鱼头两面煎成金黄色。
3. 倒入高汤，放入陈皮丝、香菇、木瓜，中火煮10分钟。
4. 加葱花、盐调味装盘即成。

海底椰木瓜排骨汤

原料：木瓜1个，海底椰2个，排骨500克，红萝卜1根，盐适量。

制作：

1. 将木瓜及红萝卜去皮、洗净后切块；海底椰洗净；排骨洗净后斩件、焯水备用。

2. 将木瓜、海底椰、排骨、红萝卜放入电砂煲中，添适量清水，煲 1.5 小时。

3. 用干净剪刀将海底椰剪成小块，继续煲半小时。

4. 加入盐调味即可。

木瓜花生排骨汤

> **原料：** 鲜熟木瓜 1 个（约 500 克），花生仁 100 克，猪排骨 250 克，盐适量。

 制作：

1. 将木瓜洗净，去皮、去籽，切成粗块；花生仁洗净。

2. 把猪排骨洗净血污，斩成粗件，焯过。

3. 将猪排骨、木瓜、花生仁一同放汤煲内，添适量清水，大火烧开，改小火炖半小时，至花生仁熟透变软，加盐调味即可。

桃胶银耳木瓜羹

> **原料：** 银耳 25 克，桃胶 15 克，木瓜半个，冰糖 25 克，蔓越梅 5 克。

 制作：

1. 银耳和桃胶分别用清水提前浸泡 8 小时；木瓜去皮、切块；将泡至软胀的桃胶剔除表面杂质，用清水反复清洗后，掰成均匀小块；银耳泡软后撕成小朵。

2. 将桃胶、银耳放入锅中，添入足量水，大火煮开，改小火继续煮 30 分钟，至汤汁变浓稠。

3. 放入木瓜块煮 5 分钟，加入冰糖、蔓越梅，边搅拌边煮 3 分钟，至冰糖彻底融化、汤汁浓稠即可。

椰子煲鸡汤

原料：椰子 1 个，净乌鸡 1 只，南杏仁 15 克，金华火腿 50 克，白胡椒粉、盐适量。

🍲 制作：

1. 将椰子顶端用剁刀剁开一个小口，将其中的椰汁倒出备用，再从中间劈开，用金属汤匙将内壁的椰肉挖出，接着削去表面的碎渣，再片成小片；乌鸡洗净，剁去头、爪，将鸡皮撕掉；金华火腿切薄片。

2. 锅中添适量清水，放入乌鸡、椰肉片、南杏仁和金华火腿片，大火烧沸。

3. 转小火慢煲 1.5 小时。

4. 关火前调入盐和白胡椒粉即可。

香蕉鸡蛋羹

原料：香蕉 1 根，鸡蛋 1 个，牛奶 100 毫升，枸杞子少许。

🍳 制作：

1. 鸡蛋磕入碗中打匀备用。

2. 将香蕉用匙子压碎，留几片做点缀。

3. 碗中再倒入牛奶，放入香蕉泥，将鸡蛋、牛奶、香蕉搅匀。

4. 将备好的蛋奶香蕉泥上锅蒸，大火蒸 10 分钟，关火后再闷 5 分钟取出，放上用开水泡开的枸杞粒点缀，吃时搅开。

乌 梅 汤

原料：干乌梅 20 个，冰糖（或红糖）适量。

制作：

将乌梅洗净，根据自己的口味加适量的冰糖或者红糖，放入高压锅煮 30 分钟即可。

玫 瑰 百 合 汤

原料：鲜百合 200 克，去心干莲子 20 粒，枸杞子 30 粒，蜂蜜 30 毫升，玫瑰酱 1 大匙。

制作：

1. 鲜百合掰开，用清水洗净后控干水分；莲子洗净后用温水泡软，枸杞子洗净后用清水浸泡。

2. 砂锅内添适量清水，下入莲子，大火烧开后转小火，盖盖，煮 20 分钟。

3. 莲子煮软后下入鲜百合、泡好的枸杞，盖盖再煮 5 分钟关火。

4. 晾至汤汁变温热后加入蜂蜜及玫瑰酱，搅拌均匀即可食用。

核桃冰糖梨

原料：核桃仁、冰糖各30克，雪梨300克。

 制作：

将梨去皮、核，同核桃仁、冰糖一起捣烂，加水煮成浓汁即可。

陈皮老姜煲雪梨

原料：雪梨1个，老姜1大块，陈皮3块，冰糖适量。

制作：

1. 将泡过之后切成丝的陈皮以及洗净剁碎的老姜放入锅内。
2. 再放入浸泡之后洗净切成块的雪梨。
3. 添入大半锅清水，大火煮沸约20分钟后加入冰糖。
4. 煮至冰糖完全溶化即可。

黑枣年糕汤

原料：黑枣75克，年糕50克，冰糖适量。

🍲 **制作：**

1. 将黑枣洗净，年糕切成片。
2. 将黑枣下入清水锅中，接着放入冰糖煮开，至冰糖融化。
3. 最后，投入切好的年糕，煮软即成。

冰 糖 杨 梅 汤

> **原料：** 杨梅 10 枚，冰糖适量。

🍲 **制作：**

1. 将杨梅放在盐水中浸泡几分钟。
2. 锅中倒入适量水，放入杨梅和冰糖，大火煮开。
3. 换小火煮 15 分钟即可。

杏仁桂圆枣杞汤

> **原料：** 美国大杏仁 15 颗，桂圆、红枣各 10 颗，枸杞 30 粒，红糖适量。

🍲 **制作：**

1. 用刀轻轻把桂圆外皮拍开，取出桂圆肉。
2. 将红枣和枸杞用清水洗净，连桂圆肉、大杏仁一起放入砂锅中，倒入 1 000 毫升清水，大火煮开后调成小火，炖 20 分钟。
3. 趁热加入红糖搅匀即可食用。

图书在版编目（CIP）数据

百味羹汤/邱楠主编. —北京：中国农业出版社，
2017.1

ISBN 978-7-109-21657-0

Ⅰ.①百… Ⅱ.①邱… Ⅲ.①汤菜－菜谱 Ⅳ.
①TS972.122

中国版本图书馆 CIP 数据核字（2016）第 100827 号

中国农业出版社出版

（北京市朝阳区麦子店街 18 号楼）

（邮政编码 100125）

策划编辑　程　燕　育向荣

北京万友印刷有限公司印刷　　新华书店北京发行所发行

2017 年 1 月第 1 版　　2017 年 1 月北京第 1 次印刷

开本：880mm×1230mm 1/32　　印张：13.25

字数：352 千字

定价：25.00 元

（凡本版图书出现印刷、装订错误，请向出版社发行部调换）